AF534383

Jens Crueger / Achim Wunsch · Paludarien-Fibel

Jens Crueger / Achim Wunsch

Paludarien-Fibel

Exotische Welten im Glas

Dähne Verlag

Fotonachweise:

Alle Fotos, außer den unten genannten, sind von den Autoren

Grafiken S. 27, 46 (2): Thoddy

Titelfoto: Frederic Fuss

adobe-stock.com: S. 4: kikkerdirk, S. 10: Aysiaqilumar, S. 15: coffmancmu, S. 19: Koji Abe, S. 28: Nori Wasabi, S. 29: Hoeffel, S. 34: Hoeffel, S. 44: Nika, S. 57: Eric Gomez, S. 58: A. Schurawiew S. 74 oben: Charles, S. 74 unten: Pixaterra, S. 75 oben links: xy, S. 75 oben rechts: ilonayalli, S. 75 Mitte links: Vladimir Arndt, S. 75 unten links: simona, S. 76: Aleksandrs, S. 77 Mitte: Sharoh S. 77 unten rechts: Dragonfly, S. 82: Franz, S. 83 Mitte links: betka82, S. 83 Mitte rechts: Charlotte B, S. 89 oben: leo_botanist, S. 90 oben links: Elena, S. 90 oben rechts: andri_priyadi, S. 90 unten rechts: Vladimir Wrangel, S. 91 links: davit85, S. 92/1: Marima,S. 92/2: Takahito Obara, S. 88/3: Zakaryah Vanderhorst. S. 93: Mike Wilhelm

Aquarium Wilhelmshaven: S. 26 oben, **J. Beckmann, Tiergarten Nürnberg:** S. 21 unten, **H. Blessin/JBL:** S. 20, **O. Drews:** S. 33, **Fa. Eheim:** S. 67 unten, 68 oben links, **F. Fuss:** S. 29 (3) rechts, **P. Grundtner/Wilhelma Stuttgart:** S. 38, **H. Hieronimus:** S. 40, 41, 66, 67 oben, 71, **S. Hoyer:** S. 12, 28 oben, 63, **Fa. JBL:** S. 68 oben rechts, **O. Knott:** S. 16 unten, **S. Krämer:** S. 17 (3), **M. Kraus:** S. 4, 19 unten, 22/23, 85, **D. Laufer:** S. 24/25, **N. Lettau:** S. 55, **T. Meißner:** S. 30-33, **O. Mengedoht:** S. 27, 50 (6), 51 oben, 52, 56 oben, 89 unten links, 89 Mitte rechts, **H. Pempelfort:** S. 92 unten, 93 oben links, 93 oben rechts, **R. Pohlmann:** S. 91 rechts, **K. Quante:** S. 21 oben (AquariumBerlin), S. 26 unten, S.36, , 51 unten, 53 oben rechts, 54, 55, 69, 65, 72, 77 unten links, 89 unten rechts, **Tiergarten Straubing:** S. 39, **B. Wallach:** S. 75 Mitte rechts, 75 unten rechts, 77 oben, **R. Zobel/Hagen:** S. 16 oben, S. 35, S. 37.

Bibliografische Information der Deutschen Nationalbibliothek

Die Deutsche Nationalbibliothek verzeichnet diese Publikation in der Deutschen Nationalbibliografie; detaillierte bibliografische Daten sind im Internet über http://dnb.dnb.de abrufbar.

ISBN 978-3-944821-56-6

Druck: Grafisches Centrum Cuno GmbH & Co. KG
Printed in Germany

Vorwort

Im Paludarium (lat. *palus* = Sumpf) wird die Sumpf- und Uferzone eines Gewässers nachgeahmt. Es setzt also dort an, wo die Aquaristik aufhört, weil der Wasserstand zu flach wird, und wo der Untergrund für die Terraristik zu feucht ist. Bewohner eines Paludariums sind Fische, Amphibien, Reptilien und Wirbellose. Dabei sind besonders solche Arten geeignet, die sich speziell an das Leben in dieser abwechslungsreichen Übergangsregion angepasst haben.

Beide Autoren kennen sich bestens mit Paludarien aus, kommen aber aus verschiedenen Richtungen des Hobbys. Achim Wunsch ist Aquarianer und Orchideengärtner, Jens Crueger ist Terrarianer mit Schwerpunkt Amphibien. Gemeinsam geben sie hier einen Überblick über die verschiedenen Arten, ein Paludarium zu gestalten und einzurichten, sodass jedem Leser ein erfolgreicher Start ins eigene Paludarium gelingen kann.

Inhaltsverzeichnis

Paludarium hauptsächlich bepflanzt mit Tillandsien, Orchideen, Bromelien und verschiedenen Wasserpflanzen

Einleitung

Ein Paludarium vereint zwei Haltungsformen, die für sich genommen ja eigentlich schon spannend genug sind: das Aquarium und das Terrarium.

Das Paludarium – eine Kombination von beidem – ist einerseits eine Herausforderung, denn plötzlich muss man nicht nur die Technik und die ökologischen Parameter eines Systems (Wasser/Land) kennen, verstehen und so gut es geht steuern, sondern gleich von zweien. Sowohl der Aquarianer wie der Terrarianer wird hier etwas hinzulernen. Aber keine Sorge, auch für den Anfänger ist ein Paludarium eine schöne Möglichkeit, Erfahrungen zu sammeln, es muss noch nicht einmal einen tierischen Besatz haben.

Wenn es Tiere sein sollen, dann vielleicht nur eine einzelne Art, auf deren Bedürfnisse man sich vollkommen konzentrieren kann. Für den Einstieg ist das mehr als genug, und solch ein Einstieg ist bereits im Nano-Bereich oder in einem 60-Zentimeter-Standardbecken möglich. Später kann man sich ja immer noch zum Vollprofi weiterentwickeln und könnte einen ganzen Wintergarten in ein kleines Tropenhaus umbauen.

Neben diesen Herausforderungen und der Möglichkeit, beispielsweise die Barriere zwischen Wasser und Land zu einem Bastelspaß für die ganze Familie zu machen, bietet ein Paludarium aber noch mehr. Ob Anfänger oder Profi in der Vivaristik, gibt es uns die Möglichkeit, sehr spannende Lebensräume näher kennenzulernen, die sich an der Grenze oder im Übergang zwischen Wasser und Land befinden. Lebensräume, die nicht nur in der Evolution wichtig waren, als dort der Wechsel vom Wasserbewohner zum Landbewohner eingeläutet wurde, sondern die als Hotspots der Artenvielfalt heute von allerhöchstem ökologischem Wert sind. Angefangen bei Pfützen, die entstehen, wenn Traktoren und forstwirtschaftliche Fahrzeuge Feld und Wald durchqueren und in denen bedrohte Amphibien für wenige Wochen im Jahr ihre Fortpflanzung betreiben, bevor die Sonne diese Gewässer austrocknet. Über Rinnsale, die unsere Wälder durchziehen und kaum je Beachtung finden bis hin zu den Randzonen der Bäche, Flüsse, Teiche, Seen und Meere, wo das Wasser noch nicht ganz aufgehört, aber das Land schon angefangen hat. Mit flachen Wasserständen, die kleineren Tieren und Jungtieren den Schutz vor Fressfeinden bieten, in denen Algen und Pflanzen Schwimmteppiche bilden, auf denen Frosch und Co. entspannen können. Kurzum, dieser Übergang vom Wasser zum Land ist mindestens ebenso spannend wie die Lebensräume, die sonst in unseren Aquarien und Terrarien abgebildet werden. Ein Paludarium als genau das zu betrachten, als ein Brennglas, das den Blick auf einen sehr besonderen, sehr vielfältigen, aber auch sehr wenig beachteten Ort unserer Natur richtet – das ist das Anliegen unseres Buches.

Die Einrichtung kann zum Bastelspaß für die ganze Familie werden …

… und so schön kann das Ergebnis aussehen

Begriffswirrwarr

Neben der Bezeichnung „Paludarium", die in diesem Buch als zentraler Begriff benutzt wird, gibt es einige mehr oder weniger gebräuchliche Ausdrücke, die insbesondere in älterer Literatur auftauchen. Dies sind einerseits das ‚Riparium' (Uferbecken), andererseits das ‚Rivarium' (Bachlaufterrarium). Beide Begriffe stehen für spezifische Szenarien des Übergangs von Land zu Wasser. Das Riparium bezeichnet die Nachbildung der Uferregion, also nur der letzten wenigen Zentimeter Wasser und des beginnenden Landteils (s. S. 11). Das Rivarium meint die Gestaltung eines Bachlaufes, was ja wiederum eine ganze Reihe von Biotopen sein könnten, von Bergbächen mit reißender Strömung bis hin zu langsam plätschernden Bachläufen mitten im Wald. Im Laufe der Zeit hat der Begriff Paludarium seine Bedeutung erweitert und die anderen beiden Begriffe dabei weitgehend ersetzt.

Ein Terrarium mit Wasserlauf nennt man auch Aquaterrarium

Terrarianer benutzen meist den Begriff ‚Aquaterrarium', wenn sie die Haltungsform für amphibisch lebende Lurche oder Reptilien beschreiben. Manchmal ist dann damit ein Aquarium mit fünfzehn Zentimeter Wasserstand und einer schwimmenden Korkinsel gemeint, manchmal ein Terrarium mit einem Landteil und einem relativ großen Wasserteil. Selten liest man noch von ‚Nassterrarien', womit Aquaterrarien mit wasserdurchlässiger Trennung zwischen Land und Wasser gemeint sind. Nicht zu verwechseln mit einem ‚Feuchtterrarium', bei dem es um einen ausreichend feuchten Bodengrund für bestimmte Bewohner geht.

Alle Begriffe meinen im Kern das Gleiche: die Gestaltung eines Lebensraumes im Übergang von Wasser zu Land. Die Vielfältigkeit dessen, was als Paludarium bezeichnet werden kann, ist also enorm. Neben klassischen Aquarien und Terrarien sind Paludarien daher wohl die spannendste Form eines nachgebildeten Lebenraums hinter Glas.

Übergang von Wasser zu Land

Das Paludarium setzt dort an, wo die Aquaristik aufhört, weil der Wasserstand zu flach wird, und wo die Terraristik endet, weil der Untergrund zu feucht ist. Es zeigt also die Sumpf- und Uferzone von Gewässern mit den tierischen Bewohnern, die genau an diesen Übergangsbereich zwischen Wasser und Land angepasst sind.

Natürliche Vorbilder

Die Sumpfzone ist dem Ufer vorgelagert. Charakteristisch für diesen Übergangsbereich natürlicher Gewässer ist ein flacher Wasserstand, der von wenigen Zentimetern bis zu einer Wassertiefe von etwa zwanzig Zentimetern reichen kann. Hier wachsen bevorzugt Pflanzen, die sich sowohl unter Wasser (submers) als auch über Wasser (emers) entwickeln können und oftmals unterschiedliche Wuchsformen für beide Bereiche ausbilden. Lebende wie abgestorbene Bäume und Gesteinsformationen bilden strukturreiche Übergänge vom Land ins flache Wasser.

An die Sumpfzone schließt sich die Uferzone an und ist kaum mit einer scharfen Trennlinie von der Sumpfzone zu unterscheiden. Je nach den natürlichen Gegebenheiten sind beide Bereiche eher als zwei Teile eines miteinander verbundenen Lebensraumes zu sehen.

Blick von oben auf ein kleines Rinnsal mit verkrauteter Vegetation

Tiere (und häufig auch Pflanzen) wechseln zwischen beiden Bereichen, und bei stärkeren Regenereignissen bringt ein höherer Wasserstand schnell mal so einiges durcheinander.

In der Uferzone ist der Wasserstand extrem niedrig, der Untergrund im angrenzenden Landbereich ist häufig feucht. Moose, Pilze

Spannende natürliche Uferszenerien in den Maßstab des heimischen Aquariums zu übersetzen ist die Herausforderung

Mit etwas Übung lässt sich das fürs Ufer typische Wurzeldickicht im Paludarium naturnah nachbilden

Dieses Ufer eines Karpfenteiches ist wegen seiner geringen Struktur als Vorbild wenig geeignet

eine Struktur, die Versteck- und Schattenplätze für Tiere bietet und Gelegenheiten schafft, damit amphibische Bewohner sich im Wasser ausruhen können, indem sie sich an Zweigen und Blättern festhalten. Auch Schwimmpflanzen oder Teppiche aus Algen, die an der Oberfläche treiben, sind für die amphibischen Bewohner dieser Lebensräume ein

und Feuchtigkeit liebende Pflanzen wachsen hier häufig und gerne. Manche Landpflanzen bilden Blätter oder Zweige aus, die vom Land bis ins Wasser hängen. So schaffen sie wichtiger Aufenthaltsort. Frösche beispielsweise kann man in solchen schwimmenden Teppichen dabei beobachten, wie sie rufen und auf Fluginsekten lauern.

Ideen sammeln

Ein Spaziergang entlang des Ufers naturbelassener Fließgewässer, Seen und Teiche verleiht einen plastischen Eindruck davon, wie Sumpf- und Uferregionen in der Natur aussehen können. Sie werden feststellen, dass viele Gewässer nicht mehr wirklich naturbelassen sind. Stattdessen sind sie längst ein Teil unserer menschgemachten Kulturlandschaft, und dafür braucht es noch nicht einmal Beton und Stahl. So sind beispielsweise die Entwässerungskanäle entlang von Feldern oder die Bewässerungskanäle von landwirtschaftlichen Fischteichen ein künstlich geschaffener, aber dennoch ökologisch durchaus wertvoller Lebensraum. Immer dort, wo die Landwirtschaft im Einklang mit der Natur arbeitet, können solche künstlich ausgehobenen Rinnen von zahlreichen Pflanzen und Tieren besiedelt werden.

Wir lernen bei der Recherche für unser Paludarium also viel über einen sehr wertvollen Lebensraum und den Umgang des Menschen damit. Fotos dieser Beobachtungen, egal ob Pfütze, Entwässerungskanal, Teich oder See, können später eine Inspiration für das eigene Projekt werden.

Hier findet man emerse Pflanzen im unteren Wasserteil und Landpflanzen wie Bromelien u.a. im oberen Bereich

Paludarien-Typen

Klassisches Paludarium

Die klassische Form des Paludariums gleicht einer Kombination aus Aquarium und Pflanzenvitrine. Hierbei gilt es, der schönen Unterwasserwelt eine ebenso beeindruckende emerse Pflanzenvielfalt zur Seite zu stellen. Bei diesen Paludarien stehen in der Regel die Pflanzen im Mittelpunkt und es handelt sich dabei keinesfalls nur um Wasser- und Sumpfpflanzen in einem Aquarium mit bunter Unterwasserwelt. Orchideen und andere Zimmerpflanzen sind ebenfalls Stars, die zur Schau gestellt werden und das Paludarium bereichern.

Der eigentliche Kerngedanke eines Paludariums, wie wir ihn hier vorstellen, nämlich die Gestaltung des Lebensraumes am Übergang von Wasser zu Land, ist bei solchen klassischen Paludarien oft gar nicht das bestimmende Thema. Gerade in den letzten Jahren haben sich durch den Trend zu Biotop-Aquarien und durch Aquascaping und Terrascaping auch die Paludarien weiterentwickelt.

Im klassischen Paludarium stehen meist die Pflanzen im Vordergrund

Aqua- und Terrascaping

Einflüsse aus dem Aquascaping und dem Terrascaping haben in den letzten Jahren dazu geführt, dass von der Form des Beckens angefangen über die verwendeten Materialien bis hin zur Strukturierung der Einrichtung eine Vielzahl an attraktiven Ideen und optischen Highlights Einzug in die Welt der Paludarien gefunden haben. Dabei sollte uns immer klar sein, dass es den tierischen und pflanzlichen Bewohnern eines solchen Paludariums letztlich egal ist, ob beispielsweise das verwendete Gestein besonders attraktiv wirkt. Für Tiere und Pflanzen ist hingegen wichtig, ob das Gestein möglicherweise die Wasserwerte beeinflusst und ob amphibische Bewohner darauf gut klettern können, wenn das Gestein beispielsweise den Übergang von Wasser zu Land strukturiert.

Viele Ideen sind aus dem Aquascaping übernommen worden

Auch hier sind die Einflüsse des Aquascapings zu erkennen

Minimoore

Fleischfressende Pflanzen gehören zu den wohl faszinierendsten Schöpfungen der Natur. Subtropische Sonnentaue (Drosera) und Wasserschläuche (Utricularia) eignen sich hierbei ideal für die ganzjährige Zimmerkultur, da sie problemlos mit gewöhnlichem Raumklima zurechtkommen und auch, anders als die berühmte Venusfliegenfalle oder Schlauchpflanzen, keine kalte Winterruhe benötigen. Somit sind sie perfekt für kleine, pflegeleichte Zimmermoore, wenn man nur wenige wichtige Grundregeln beachtet:

Kalkfreies Wasser (Osmose- oder Regenwasser), saures und nährstoffarmes Substrat (ca. 50% ungedüngten Weißtorf, 50% Quarzkies) und so viel Licht wie nur irgendwie möglich. Ohne extra Pflanzenlampe können sie auch an ein helles Südfenster in die pralle Mittagssonne gestellt werden.

Als ideale Begleitpflanzen bieten sich einfache Gräser und Moose an. Wichtig ist nur, dass Sie keine besonders anspruchsvollen Pflanzen wählen, denn fleischfressende Pflanzen sind an extrem nährstoffarme Böden angepasst, weshalb eine Düngung nicht notwendig ist.

Text und Fotos: Stefan Krämer

Biotop-Paludarium

In den letzten Jahrzehnten sind auch Biotop-Paludarien immer stärker in Mode gekommen. Das bedeutet, dass sich die Paludarien an einem bestimmten Biotop als Vorlage orientieren. Manchmal soll dabei, ausgehend von einem Foto, ein ganz konkreter Ausschnitt des natürlichen Lebensraumes nachgebaut werden.

Häufiger aber bemüht man sich für ein Biotop-Paludarium, die grundsätzliche Gestalt eines geografischen Lebensraumes so überzeugend wie möglich darzustellen – von der Wahl des Bodengrunds bis hin zur Auswahl von Pflanzen und Tieren. In diesem Fall ist das Ziel keine Kopie einer konkreten Vorlage, sondern die Gestaltung eines Lebensraumes, wie er in der gewählten Gegend vorkommen könnte. Wie streng dabei vorgegangen wird, und inwieweit man von der natürlichen Vorlage bzw. dem Vorbild abweicht, bleibt jedem selbst überlassen. Wichtig auch hier: Ein Paludarium ist ein technisches System, in dem ein Lebensraum nachgebildet wird. Das erfordert häufig, an der einen oder anderen Stelle Abstriche zu machen oder kreative Lösungen zu finden. Diese können darin bestehen, statt des schweren natürlichen Gesteins auf eine künstliche Gesteinsnachbildung auszuweichen, welche wiederum mit ein bisschen Geschick und Übung sehr naturnah gestaltet werden kann.

Je nachdem, ob der Ausschnitt eines Ufers am Meer, Fluss, Bach, See oder Tümpel als Vorlage dienen soll, ergeben sich, angefangen bei der Fließgeschwindigkeit des Wassers bis hin zur Bepflanzung, sehr unterschiedliche Miniaturlandschaften. Auch die geografischen und klimatischen Aspekte spielen eine wichtige Rolle, ein tropisches Regenwaldpaludarium ist genauso denkbar wie eines aus unserer mitteleuropäischen gemäßigten Klimazone. Für welches Biotop und welche passenden Bewohner man sich entscheidet, davon hängen ganz grundsätzliche Fragen ab – angefangen bei den Maßen des Beckens über die Auswahl und Gestaltung der Einrichtung bis hin zur nötigen technischen Ausstattung.

Im Regenwald-Paludarium des Aquariums Wilhelmshaven leben Gefleckte Baumwarane an Land und Regenbogenfische im Wasser

Ein Gebirgsbach kann als Vorbild für das Paludarium dienen

Gebirgsbach-, Rinnsal- und Pfützen-Paludarium

Gebirgsbach-Paludarium

Ein Bachlauf aus dem Gebirge ist häufig durch starke Strömung gekennzeichnet, die ein sehr sauberes und sauerstoffreiches Wasser bewegt. Zum Bachufer hin schwächt sich diese Strömung aber ab – aus dem Wasser ragende Steine und ins Wasser hineinragende Gräser, Wurzeln und Äste schaffen hier strömungsberuhigte Zonen. Die Vegetation in diesem Bereich besteht neben einigen strömungsliebenden Wasserpflanzen hauptsächlich aus Moosen, Farnen und anderen feuchtigkeitsliebenden Pflanzen, die auf den aus dem Wasser ragenden Steinen oder Ästen wachsen. Außerdem schaffen Pflanzen, die vom Ufer in den Bach hineinragen, eine wertvolle Struktur. Beachtet bitte außerdem, dass manche Arten, etwa gebirgsbachbewohnende Molche, zwar körperlich gut an eine starke Strömung

Moos, das auf Ästen aufgebunden wird, sieht besonders attraktiv aus

angepasst sind, aber manchmal dennoch lieber ruhige Gewässer bevorzugen. So werden manche bachbewohnende Molcharten oftmals in ruhigen Teichen nahe der stark strömenden Gebirgsbäche beobachtet. Deshalb sollte man immer ruhige Zonen einplanen, beispielsweise durch ins Wasser ragende Wurzeln, größere Steinformationen im Wasser oder eine Bepflanzung mit strömungsliebenden Pflanzen wie Vallisnerien, Anubien und Javafarn. Diese Strömungshindernisse bilden einen Strömungsschatten, in dem sich die Tiere bei Bedarf aufhalten können.

Flussufer-Paludarium

Ein Flussufer ähnelt in seiner Gestalt einem Bachufer, jedoch ist der Maßstab hier ein deutlich größerer. Aufbauten aus Gestein strukturieren unter wie über Wasser dieses Szenarium. Sie schaffen Zonen, die vor der starken Strömung geschützt sind und den Bewohnern dadurch die Möglichkeit geben, zwischen unterschiedlichen Strömungszonen zu wechseln.

Ein terrassenartig gestalteter Landteil im Flussuferpaludarium ist attraktiv und platzsparend.

Rinnsal-Paludarium

Im Unterschied zu einem Gebirgsbach-Paludarium bildet ein Rinnsal-Paludarium einen Wasserlauf mit geringer Strömung nach. Denkt dabei als Vorlage beispielsweise an durch einen Wald plätschernde kleine Wasserläufe. Solche Paludarien können auch einen Zulauf darstellen, der einen kleinen Tümpel speist. Auf diese Weise lassen sich zwei Zonen (eine Wasserlauf-Zone und eine Stehgewässer-Zone) gestalterisch miteinander kombinieren.

Pfütze oder Rinnsal sind hier nachgebildet. Die Bewohner, wie hier die Unken, wechseln zwischen Land und Wasser

Pfützen-Paludarium

Manche Amphibien nutzen die Pfützen, die sich im Bodenprofil von schweren Land- und Forstmaschinen bilden, als Laichgelegenheit. Durch den extrem geringen Wasserstand erhöht sich deren Temperatur vergleichsweise stark, was die Entwicklung des Amphibienlaichs beschleunigt. Zugleich drohen solche temporären Habitate stets schneller auszutrocknen, als sich die jungen Amphibienlarven zu fertigen Jungtieren entwickelt haben. Hier schreibt das Leben also alljährlich spannende Geschichten. Eine solche Pfütze zum Mittelpunkt eines Paludariums zu machen ist ein spannender Ansatz. Es muss nicht zwingend der Abdruck eines Reifenprofils sein, der Pate steht. In Wäldern und Wiesen sind Pfützen ja ein häufiges, aber kaum beachtetes Phänomen. Wem eine Pfütze zu wenig spektakulär ist, der kann sie ja mit einem kleinen Rinnsal – wie im vorhergehenden Beispiel – verbinden, durch das ständig gefiltertes Wasser in geringen Mengen zufließt.

Mangroven-Paludarium

Wurzeln, die aus dem Wasser ragen, werden von Brackwasser umspült. Da Pflanzen in Brackwasser kaum gedeihen, kann das Paludarienkonzept in einem solchen Becken seine Stärken voll ausspielen, indem oberhalb des Wasserspiegels Landpflanzen platziert werden.

Mangrovenpaludarium im Tiergarten Nürnberg

DANGER
Do not
Touch

Durch die gestalterische Einbeziehung des Raumes über dem Aquarium wird es zum Paludarium

Paludarium „Hobbiton“

Maße: 42 x 40 x 32 cm (B x T x H) – Sonderanfertigung
Technik: Zimmerbrunnenpumpe (3W)
Beleuchtung: Chihiros A Serie 451 (27W)

Text und Fotos: Dennis Laufer

Zu Beginn werden Filtermatten zurechtgeschnitten, um eine grobe Struktur vorzugeben und ein Gefühl für die Höhe des Terrariums zu bekommen. Meine Matten haben eine Porigkeit von PPI 30, aber auch gröbere Matten sind kein Problem und für wurzelbildende Pflanzen sogar von Vorteil. Danach werden die ersten Steine auf den Matten platziert und ein erster Eindruck entsteht.

Für den Bachlauf nutze ich eine Bastelplastik-Platte (Gutta – Hobby color). Diese ist wunderbar mit einem Teppichmesser zu bearbeiten. Auf die Ränder der Platte werden mit Aquariensilikon kleinere Steine geklebt, um dem Wasser eine Richtung vorzugeben. Sobald dieser Aufbau vollendet ist und kein Wasser mehr irgendwo über- oder vorbeilaufen kann, wird der Boden des Bachlaufs mit Aquariensilikon

Filtermatten werden passend geschnitten und erste Steine werden platziert

Nachdem der Bachlauf gebaut ist, werden Steine an die Ränder geklebt, um den Wasserfluss zu leiten

Die Pumpe ist in einem Hohlraum versteckt, der später gut erreichbar ist

bestrichen und mit feinem Kies bestreut. Die Pumpe für den Bachlauf versteckt sich in einem Hohlraum im hinteren, linken Teil des Terrariums. Durch den Aufbau mit Filtermatten, kann man später ohne große Probleme mit der Pumpe hantieren und sie bei Bedarf auch schnell wieder herausnehmen. Sobald die grobe Struktur der Steine feststeht und der Bachlauf fertiggestellt wurde, kommen die „Bonsais" an die Reihe. Diese sind exakt so im Handel erhältlich und finden meist im Aquascaping-Bereich Verwendung. Ist man mit dem Aufbau von Steinen und allen anderen Einrichtungsgegenständen zufrieden, werden die Pflanzen eingesetzt. In meinem Fall wurde nur Moos verwendet. Die Bonsais werden mit Tillandsien (*Tillandsia usneoides*) behängt. Dadurch soll der Eindruck entstehen, es handle sich um Weiden an einem kleinen Bachlauf in idyllischer, grüner Umgebung.

Die gesamte Gestaltung hat mich nach der Vollendung an das Auenland aus „Der Herr der Ringe" erinnert, weshalb ich es „Hobbiton" (engl. Auenland) getauft habe.

An die Bonsais werden Moos und Tillandsien gehängt

Das eingelaufene Becken, dem Dennis Laufer den Namen „Hobbiton" (Auenland) gegeben hat

Mangrovenaquarium im Aquarium Wilhelmshaven mit Stirnlappenbasilisken an Land und Süßwasser-Schützenfischen im Wasser

Mangroven kann man auch aus Samen ziehen

Gezeiten-Paludarium

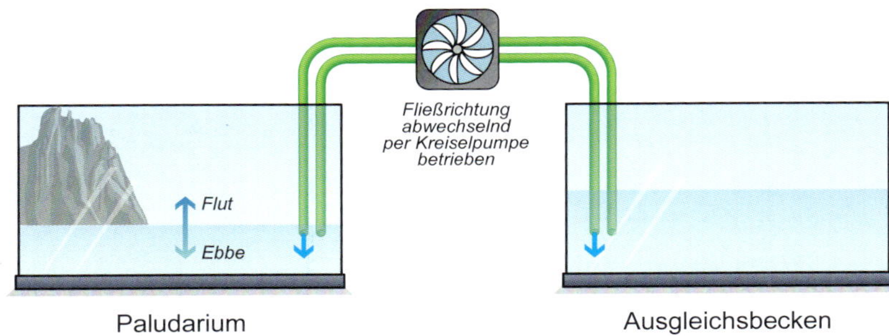

Ein besonders beeindruckender Lebensraum im ständigen Wechsel zwischen Land und Wasser ist die Gezeitenzone. Ebbe und Flut geben für diesen Lebensraum den Rhythmus vor und können mit technischen Hilfsmitteln sogar recht gut nachgeahmt werden. Der kontinuierliche Wechsel zwischen zu- und ablaufendem Wasserspiegel kann mithilfe von einem oder mehreren, mit dem Schaubecken verbundenen Ausgleichstanks technisch realisiert werden. Eine Bepflanzung bietet sich auch hier mit Landpflanzen an.

Nano-Paludarium, Bonsai-Paludarium und Wabi Kusa

Nano-Paludarium

Sehr kleine Aquarienbecken mit weniger als 54 Liter Fassungsvermögen erfreuen sich seit Längerem einer großen Beliebtheit in der Aquaristik. Weil die Nachfrage also floriert, sind viele verschiedene kleine Aquarien im Handel verfügbar. Hinzu kommt, dass in letzter Zeit sogenannte „Mini-Paludarien" von einigen Herstellern als komplett funktionstüchtige Sets angeboten werden. Inwieweit lassen sich diese Nano-Becken wirklich zu Nano-Paludarien gestalten?

Auch ein Wasserbecken, aus dem ein Ast ragt, ist bereits ein Paludarium

In einem Nano-Aquarium oder einem entsprechenden Set für Paludarien funktioniert das durchaus. Der Platz für tierische Bewohner ist in diesen Becken allerdings so gering bemessen, dass davon unbedingt Abstand genommen werden sollte. Gestalterisch reduziert sich solch ein Nano-Becken notwendigerweise auf eine der beiden Dimensionen (Land oder Wasser). Ein oben offenes Nano-Aquarium, aus dem eine Sumpfpflanze ihre Zweige in den Himmel streckt, vielleicht flankiert durch einige Bambuszweige, kann schon als Paludarium bezeichnet werden. Ebenso eine kleine Anhäufung aus zerbrochenen Ziegelsteinen, bewachsen mit Moos und Farnen, die aus einem flachen Wasserstand herausragen.

Ein solch kleines Becken eignet sich zur kunstvollen Bepflanzung und als optischer Blickfang, aber eben nicht für die Haltung von Tieren. Aus der Geschichte der Paludarien wissen wir, dass ursprünglich die Pflanzen und keineswegs Tiere die Attraktion waren.

Ein Bonsai kann gut in ein Paludarium integriert werden

by Sascha Hoyer Aquascaping

Ein Bonsai wirkt im Paludarium viel imposanter als in einer Schale

Bonsai-Paludarium

Ein neuerer Trend macht das Paludarium zur Bühne für spektakulär gewachsene (zurechtgeschnittene) Bonsaigewächse. Es wird als Bonsai-Paludarium oder Bonsai-Aquarium bezeichnet. Die Bonsais haben dabei keinen direkten Kontakt zum Wasser, sondern werden in ihrem Pflanzgefäß gezogen und mitsamt diesem in eine Uferlandschaft eingebaut. Bei dieser Form des Paludariums steht eindeutig die Pflanze im Mittelpunkt, zumal die Beckengröße auf die geringe Wuchsgröße des Bonsais abgestimmt ist, damit dieser in der Gesamtschau gut zur Geltung kommt. Dies ist also ebenso ein reines Pflanzen-Paludarium.

Wabi Kusa

Manchmal findet man ein kleines, aber besonders schönes Glasgefäß, das man gerne als Übergang zwischen Land und Wasser gestalten möchte. Bei speziell geformten Gefäßen wie Vasen, runden Schalen, kugelförmigen Gläsern und Ähnlichem gilt grundsätzlich, dass sie zur Unterbringung von Tieren ungeeignet sind. Hinzu kommt, dass das Volumen solcher Gefäße (wie bei Nano-Paludarien) viel zu klein ist. Stattdessen können solche Gefäße zu tollen Mini-Paludarien im Wabi-Kusa-Stil eingerichtet werden. Dieser Trend kommt aus Japan und verfolgt das Ziel, Glasschalen mit Sumpfpflanzen und emersen Wasserpflanzen zu begrünen. Nichts anderes also als ein Mini-Paludarium ohne Tiere.

Paludarium ohne Tiere

Tank:	Ultum Nature Systems 60E
Stand:	ADA Aquatic Garden Stand
Light:	2 x Chihiros CII RGB mit Shades
Filter:	Dennerle Scapers Flow Black
Fogger:	Hobby – Hygro System von Dohse Aquaristik
Hardscape:	Seiryu Rocks, Bog Wood (Moorwurzelholz), Pflanzen von Aquaflora

Ein offenes Paludarium ermöglicht spannende Perspektiven. Das hier vorgestellte Becken wurde als ein reines Pflanzenpaludarium konzipiert.

Steine und Wurzelholz werden miteinander kombiniert, und mittels der Wattemethode verbunden. Hierbei wird sogenannte Hardscape-Watte zwischen die zu verbindenden Gegenstände gestopft, anschließend wird flüssiger Hardscape-Kleber (mit Cyanacrylat) aufgetragen, der dann sehr schnell und unter Bildung von Wärme aushärtet.

So sieht das fertige Becken mit dem gefluteten Wasserteil aus

1 Ein offenes Paludarium bietet viel Gestaltungsspielraum

2 Mit Steinen und Wurzeln lässt sich experimentieren

Hardscape-Watte wird zwischen die Verbindungsteile gestopft

Die Watte erleichtert die Aushärtung des Klebstoffs

Step by step

Der Klebstoff setzt Wärme frei

Die Grundstruktur ist klar erkennbar

Fotos: Torsten Meißner

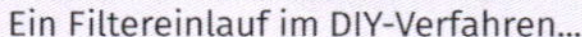
Ein Filtereinlauf im DIY-Verfahren...

mit einem Drainagerohr

In das Rohr kommt Filterwatte

Der Filtereinlauf ist selbstgebaut, dafür wird im Hintergrund ein mit Filterwatte gefülltes Drainagerohr direkt im Boden platziert.

Der Bodengrund im hinteren, erhöhten Bereich besteht aus Lavagranulat, auf das Soil gestreut wird (ein aktives Substrat, welches die Wasserwerte beeinflusst und dabei weiches und saures Wasser erzeugt). Im vorderen, flacheren Bereich wird als untere Schicht Soil verwandt und dann mit Sand überdeckt.

Nachdem die Pflanzen eingebracht wurden, wird die sogenannte Trockenstartmethode angewandt – bei einem solchen Paludarium ist sie besonders sinnvoll. Hierbei wird das frisch bepflanzte Becken nicht sofort mit Wasser gefüllt, sondern zunächst für einige Wochen mit Frischhaltefolie abgedeckt. Auf diese Weise können sich die Pflanzen in ihrer emersen, also Überwasserwuchsform, im Becken etablieren. Später wird dann mit Wasser aufgefüllt.

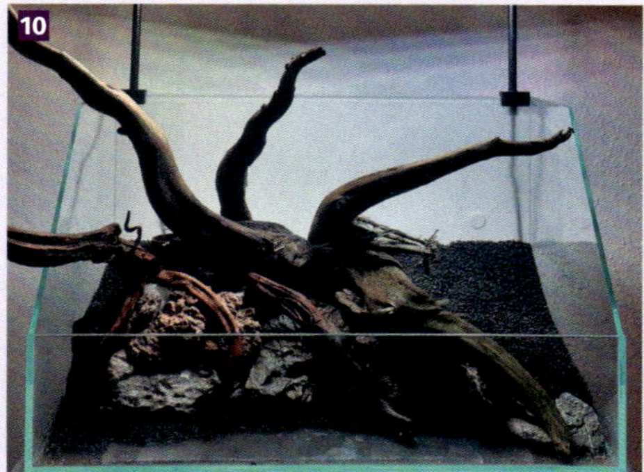

Die Landzone im hinteren Teil wird erhöht

Der vordere Teil wird mit Sand abgedeckt

Bei den Pflanzen bietet sich eine reiche Auswahl

15

Für den Trockenstart wird das Becken mit Frischhaltefolie abgedeckt

Fotos: Torsten Meißner

Geeignete Behälter fürs Paludarium

Grundsätzlich können sowohl Aquarien- als auch Terrarienbecken für ein Paludarium genutzt werden. Als Aquarien werden dabei die zu fünf Seiten geschlossenen Glasbecken bezeichnet, die nur nach oben offen (und dort meist mit einem Beleuchtungskasten geschlossen) sind. Ein Terrarium hingegen ist in der Regel zu allen Seiten geschlossen, verfügt aber an verschiedenen Seiten über Lüftungsflächen aus Gaze oder Gitter, sowie über zumeist seitlich platzierte Schiebe-, Hebe- oder Schwenkscheiben. Daraus ergibt sich schon eine Besonderheit: Wenn man sie bis oben mit Wasser füllen würde, gäbe es eine Überschwemmung, es würde durch die Lüftungsflächen und Türspalte auslaufen. Terrarien eignen sich also nur für Paludarien mit einem sehr flachen Wasserstand, da nur der Bereich unterhalb der zu öffnenden Scheiben mit Wasser gefüllt werden kann. Ihre Türen erleichtern allerdings das Hantieren im Becken, was bei der täglichen Pflege durchaus von Vorteil ist. Paludarien mit flachem Wasserstand lassen sich also in solch einem Terrarium realisieren. Aber viele Paludarienideen benötigen ein auslaufsicheres Becken und das ist das Aquarium, dessen Vorteil darin besteht, dass es nach oben offen ist. Dies ermöglicht es, Pflanzen oder Äste aus dem Becken hinausragen zu lassen. Hierbei ist aber Vorsicht geboten, denn viele Paludarienbewohner können gut klettern! In diesem Fall sollte man mithilfe von Glasstegen eine Barriere schaffen, damit die Tiere nicht entlang der Seitenscheiben entweichen. Wer Katzen pflegt, sollte umgekehrt darauf achten, dass sie den Tieren im Paludarium nicht zu nahe kommen und beispielsweise mit einem Metallgitter als Abdeckung Sicherheit schaffen.

Fast schon ein Paludarium – eine Wasserschale mit Sumpfpflanze

Ein Terrarium eignet sich ebenso als Paludarium wie ein Aquarium

Standardgrößen und Mindestmaße

Manchmal hört man, ein Paludarium müsse eine gewisse Mindestgröße haben, um in der Kombination von Wasser- und Landteil optisch richtig wirken zu können. Auch über die Mindestgröße von Wasser- und Landteil im Verhältnis zueinander gibt es verschiedene Aussagen. Kurzum: Vergessen Sie all das! Wenn man den Begriff Paludarium so weit fasst, wie wir es in diesem Buch tun, dann ist von Nano bis XXL alles denkbar.

Aquarien

Für den Einstieg werden gerne Standardaquarien mit den Maßen 60 x 30 x 30 Zentimeter gewählt. Solche Becken, besser aber jene mit 80 Zentimeter Kantenlänge, stellen je nach Besatz bereits eine geeignete Ausgangsbasis dar. Beim Besatz ist entscheidend, ob rein aquatile oder ausschließlich landlebende Bewohner gepflegt werden sollen, oder solche, die zwischen beiden Bereichen wechseln. Denn die Mindestanforderungen für die Haltung von Wirbeltieren sind stets auf den für die Tiere verfügbaren Gesamtraum gerechnet. Ein Molch, der sowohl den Land- als auch den Wasserteil gleichermaßen nutzt, hat in einem Paludarium mit 60 x 30 Zentimeter Grundfläche dann auch die Fläche als Lebensraum zur Verfügung. Ein Fisch hingegen, der den Landteil nicht nutzen kann, hätte bei den gleichen Grundmaßen nur die 60 x 30 Zentimeter ab-

Ein Aquarium als Paludarium genutzt

züglich des Landteils zur Verfügung. Hinzu kommt erschwerend, dass der Wasserstand bei einem Paludarium ja deutlich unter der Kantenhöhe von 30 Zentimetern eines solchen 60er-Beckens bleibt. Somit ist die Netto-Wassermenge für einen Fisch in einem 60er-Paludarium also weit von den 54 Litern Fassungsvermögen des Beckens entfernt und damit deutlich zu gering. Wer also rein aquatische Tiere (und umgekehrt ebenso rein terrestrische Bewohner) in einem Paludarium pflegen will, der sollte erstens lieber groß als klein planen und zweitens immer genau nachrechnen, wie viel Netto-Lebensraum die Tiere tatsächlich im geplanten Paludarium haben werden.

Terrarien

Beim Terrarium muss man die spätere Wasserhöhe im Blick behalten, viele handelsübliche Terrarien ermöglichen nur einen niedrigen Wasserstand. Zu bedenken ist, dass bei Standardaquarien mit üblicherweise 30 bis maximal 50 Zentimeter Kantenhöhe diese relativ geringe Höhe des Beckens die Gestaltung als Paludarium nach oben hin sehr einengt. Beispielsweise bleibt bei 15 Zentimeter Netto-Wasserhöhe (gegebenenfalls zuzüglich einer mehrere Zentimeter hohen Schicht Bodengrund) nach oben hin nicht mehr viel Platz, wenn das Becken nur 30 oder 40 Zentimeter Gesamthöhe hat. Solche Becken sind deshalb aber dennoch nicht zwingend ungeeignet als Paludarium. Erstens bieten sich bei offenen Becken viele Möglichkeiten, auch über den Beckenrand hinaus zu bepflanzen oder die Pflanzen hinauswachsen zu lassen. Und zweitens kann auch ein solch flaches Becken mit entsprechenden Pflanzen, beispielsweise bodendeckenden Pflanzen, gut und reichhaltig gestaltet werden.

Auch ein Terrarium kann als Paludarium eingerichtet werden

XXL-Paludarien

Paludarien im XXL-Maßstab, mit einer Größe von mehreren Quadratmetern, sind echte Hingucker. Dabei sind der Fantasie kaum Grenzen gesetzt. So kann ein geräumiger Schrank ebenso zum Rahmen für ein Paludarium werden wie ein Wintergarten. Ist ausreichend Raum verfügbar, so kann beispielsweise ein komplettes Glasaquarium in ein Terrarium hineingebaut werden. Auch sehr große Landschaftsaquarien, wie man sie aus zoologischen Gärten kennt und auch in manchem Privathaus findet, zählen zu den Paludarien. Zumindest, wenn sich im Hintergrund eine urwaldartige Bepflanzung rankt. Bei solchen Projekten darf man neben den Baukosten und den laufend anfallenden Kosten auch das finale Gesamtgewicht der Anlage nicht vergessen. Ein Blick auf die Baustatik ist dabei immer Pflicht.

Solche XXL-Paludarien ermöglichen es, gezielt auf das Mikroklima in einzelnen Regionen zu achten und dies eventuell technisch zu steuern. In kleineren Becken fällt dies häufig deutlich schwerer. Daher lassen sich in XXL-Paludarien nicht nur größere Arten halten als in kleineren Becken, sondern bei entsprechendem Know-how und Können auch komplexere Artengemeinschaften erfolgreich pflegen. Sogar Ziervögel können Teil einer solchen Artengemeinschaft im Wintergarten werden. Das Grundprinzip dabei lautet: Jede Art, die mit anderen Arten vergesellschaftet wird, hat ihre spezifischen Bedürfnisse und muss diese Bedürfnisse auch in der Haltung wiederfinden! Es dürfen folglich keinesfalls Arten miteinander vergesellschaftet werden, deren Bedürfnisse einander entgegenstehen.

Großes Paludarium für Gefleckte Knochenhechte (*Lepisosteus oculatus*) in der Wilhelma, Stuttgart

In dieser schönen Anlage des Tiergarten Straubing werden neben den Wasserschildkröten auch (leider hier unsichtbar) Brauen-Glattstirnkaimane und zwei südamerikanische Vogelarten gezeigt

Das energiesparende und ökologische Paludarium

In Zeiten hoher Energiepreise stellt sich die Frage nach dem Aufwand, den ein Paludarium an Technik und damit letztlich an Energie und Kosten benötigt.

Die Einsparung kann bei Materialien und Materialkreisläufen beginnen: Ein simpler selbstgebauter Mattenfilter, der mittels einer Luftpumpe betrieben wird, ist effektiv und zugleich gegenüber einem industriell gefertigten (Außen-)Filter wesentlich materialeffizienter. Auch die Anschaffungskosten für das benötigte Material sind niedriger und die meisten Teile können bei Bedarf einfach ausgetauscht oder ausgebessert werden.

Eine gute Außenisolation ist auch für Paludarien sehr sinnvoll. Indem jene Seiten eines Paludariums, die nicht dem Blick des Betrachters zugewandt sind, von außen mit Styroporplatten oder ähnlichem Material verkleidet werden, wird ein übermäßiger Wärmeverlust verhindert. Bitte achten Sie aber immer genau auf die Temperaturentwicklung im Becken, besonders wenn es sich um Reptilien mit Wärmelampen oder anderen Wärmequellen handelt – ein Hitzestau ist unbedingt zu vermeiden!

Das vorhandene Raumklima zu nutzen und entsprechend für das Paludarium die passen-

So wird der Mattenfilter mit Luftheber eingebaut

Eine Kreiselpumpe nimmt in der Ecke weniger Platz weg

Auch Heizungen lassen sich im Reservoir installieren

de Klimazone auszuwählen – anstatt dagegen anzuheizen oder zu kühlen – ist ökologisch ratsam und schont den Geldbeutel. Ein ganzjährig kühler Keller bietet eine Vielzahl an Möglichkeiten, ebenso wie das stets auf Zimmertemperatur gewärmte Wohnzimmer, um im Paludarium klimatisch passende Lebensräume mit den entsprechenden Arten darin zu gestalten.

Die tropischen Regionen mit ihren hohen Temperaturen verursachen natürlich höhere Energiekosten. Die gemäßigten Breiten und die Subtropen sind aber reich an Artenvielfalt, die für ein Paludarium geradezu prädestiniert ist. Über die Hälfte aller Molch- und Salamanderarten der Welt leben in Nordamerika in gemäßigtem bis subtropischem Klima (außer der tropischen Südspitze Floridas). Gerade diese Tiere sind in vielen Fällen sehr gut für das Paludarium geeignet und attraktive und spannende Pfleglinge.

Auch bei Baumaterialien ist es ratsam, immer auf Produkte mit dem Label „ökologisch oder biologisch unbedenklich“ und entsprechenden Gütesiegeln zu achten. Es ist auch sinnvoll zu überlegen, mit welchen natürlichen Materialien man ähnlich gute optische und funktionale Ergebnisse erzielen könnte.

Planung ist das A und O

Welcher Lebensraum?

Als Erstes muss entschieden werden, welcher Lebensraum nachgebildet werden soll. Zwischen Mangrovenzone, Fluss, Bach und See sind die Gegebenheiten schon sehr unterschiedlich. Ein Tümpel oder gar eine Pfütze sind beispielsweise für viele Amphibien bereits spannende und ausreichende Lebensräume.

Ein tropisches Paludarium, das einen Regenwald nachahmt, benötigt viel Energie

Welche Klimazone?

Als Nächstes stellt sich die Frage, in welcher geoklimatischen Zone (Tropen, Subtropen, Gemäßigte Breiten usw.) der nachgebildete Lebensraum liegen soll? Dies hat insbesondere für die erforderliche Technik (u.a. Licht, Beheizung) Konsequenzen. Wichtig ist dabei natürlich auch, welches Raumklima bei Euch herrscht. Ein Gebirgsbach ist meist ganzjährig relativ kühl, das lässt sich in einem Wohnraum mit durchgängig zwanzig Grad oder mehr kaum realisieren. Umgekehrt wäre ein Paludarium aus der tropischen Klimazone in einem kühlen Keller ein sehr kostspieliges Vorhaben, da sehr viel Energie für die Beheizung des Beckens nötig wäre. Deshalb sollte die Temperatur des geplanten Stellplatzes unbedingt bei der Entscheidung beachtet werden. Idealerweise kennt man das Temperaturprofil für das ganze Jahr, denn Schwankungen (im Sommer heiß, im Winter kalt) lassen sich technisch nur mit hohem Aufwand und Kosten ausgleichen.

Welcher Biotopausschnitt?

Ein Paludarium bildet, genau wie ein Aquarium oder Terrarium, jeweils nur einen kleinen Ausschnitt aus einem viel größeren Lebensraum nach. Deshalb sollte man vorher genau überlegen, welcher Ausschnitt dafür genommen werden soll. Eine Uferzone, die vorgelagerte Sumpfzone oder sogar beides? Oder vielleicht nur eine kleine Pfütze umgeben vom Unterholz eines Waldes? Je besser man sein gestalterisches Ziel kennt, umso leichter erreicht man es.

Welche Bewohner?

Die bisher gestellten Fragen entscheiden darüber, welche Bewohner schließlich in das Paludarium einziehen können. Bei aller Freude an der Gestaltung einer Miniaturlandschaft, die Bedürfnisse der tierischen Pfleglinge stehen immer an erster Stelle. Wann immer man vor der Frage steht, ob eine gestalterische Entscheidung mit den Bedürfnissen der Bewohner in Einklang zu bringen ist, muss man sich zwingend an ihren Bedürfnissen orientieren. Der gewählte Lebensraum gibt die Tierarten vor, die darin angemessen zu pflegen sind. Wenn aber umgekehrt eine bestimmte Tierart gewünscht wird, dann entfallen dadurch natürlich viele der hier vorgestellten Paludarien-Typen. Eine konkrete Tierart gibt bereits die Fragen nach Klimazone und Lebensraum vor.

Wird ein bestimmter Biotop- bzw. Paludarien-Typ gewünscht, muss man sich ausreichend Zeit nehmen, die passenden Tiere auszuwählen und sich über ihre spezifischen Ansprüche schlau zu machen.

Tropfenschildkröte, *Clemmys guttata*

Hilfreich ist eine Zeichnung

Ein Paludarium ist ein komplexes System mit vielen Komponenten, die es bereits bei der Planung im Vorfeld zu bedenken gibt: Beim jeweils geeigneten Bodengrund für Land- und Wasserteil angefangen über die erforderliche Technik für alle wichtigen Parameter, die richtige Höhe des Wasserstandes, die Auswahl geeigneter Plätze für die Pflanzen und vieles mehr. Um Euer Becken mit allem, was erforderlich ist, optimal zu planen, braucht es Planung.

Eine Zeichnung, entweder digital oder von Hand mit Bleistift und Papier, verhilft zu einem besseren Überblick. In einer solchen Skizze können die Positionen für die einzelnen Gegenstände, angefangen bei Wurzeln und Steinen bis hin zu Pflanzen und dem Heizstab eingetragen und bei Bedarf auch noch verändert werden. So nimmt das Paludarium nicht nur vor dem inneren Auge, sondern auch auf dem Papier Formen an. Eine solche Zeichnung ist

Einbau des Wasserbehälters in den „Felsen"
Seitenansicht

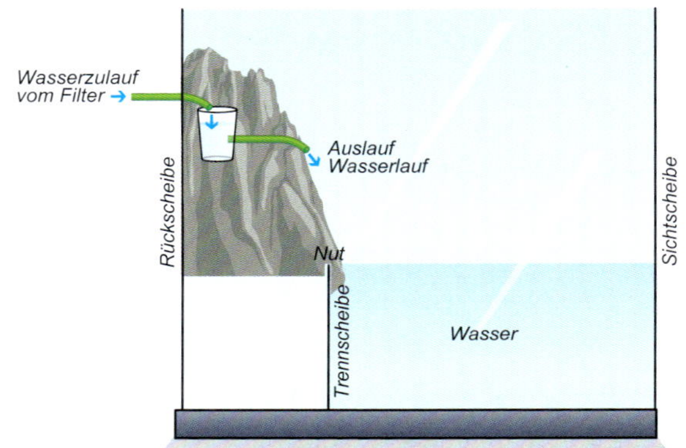

Aufbau eines Paludariums
Beispiel

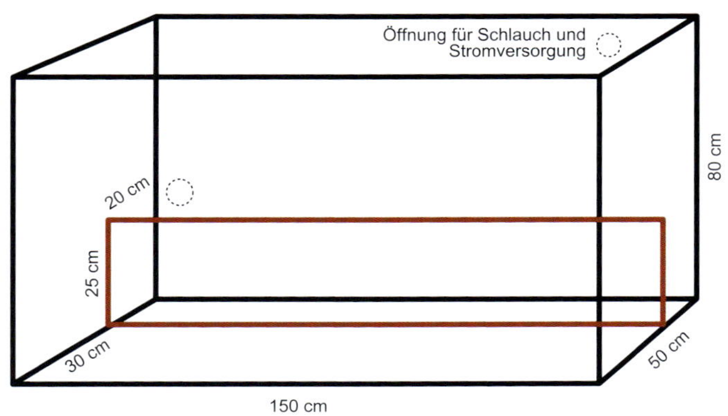

eine gute Gedächtnisstütze, um bei längeren Planungsprozessen nicht so wichtige Dinge nicht wieder zu vergessen. Eine Einkaufsliste, die anhand solch einer Zeichnung geschrieben wurde, ist erfahrungsgemäß vollständiger als die Überlegung, was alles noch fehlt, und neue Überlegungen und veränderte Planungen können immer gut nachvollzogen werden.

Probieren geht über Studieren

Das Paludarium ist ein veränderbares System, das in der Planungsphase kontinuierlich überarbeitet und verbessert werden kann. Selbstverständlich hört diese Verbesserung auch im Regelbetrieb nicht auf, manches gelingt, manches misslingt, nachträgliche Veränderungen sind eher der Normalfall und keineswegs ein Fehler. ‚Learning by doing' ist das Motto jedes guten Paludariums.

Als Tipp daher ‚Probieren geht über Studieren'. Solange das Becken noch im ‚Trockendock' steht, also bevor das erste Mal Wasser eingefüllt wird, kann man mit den Steinen und Wurzeln, der Barriere zwischen Land und Wasser sowie allen technischen Geräten so lange rumexperimentieren, bis das Ergebnis gefällt. Später, wenn die Trennung zwischen Land und Wasser fest eingebaut und dann sogar das Wasser eingefüllt ist, fallen nachträgliche Veränderungen hingegen schwer. Also die Gelegenheit nutzen und bis zur Zufriedenheit probieren. Wenn man dann das Gefühl hat, dass nun alles stimmig ist, dann lieber nicht sofort Wasser einfüllen. Schauen Sie am nächsten Tag von Neuem kritisch auf das Becken. Erst wenn alles zur Zufriedenheit steht, ist die Zeit für den ‚Stapellauf' gekommen, dann heißt es Wasser einfüllen, Technik anschalten und das Becken einlaufen lassen. Erst nach ein paar Wochen dürfen die ersten Bewohner einziehen, damit sich ein biologisches Gleichgewicht im Wasserteil etablieren kann. Und auch an Land gilt es zunächst, insbesondere Werte wie Temperatur und Luftfeuchtigkeit im Tag-Nacht-Wechsel zu beobachten und technisch nötigenfalls nachzubessern.

Proportionen Land/Wasser

Abtrennung aus Glas

Die wasserdichte Abtrennung zwischen Land- und Wasserteil kann auf verschiedene Arten gelingen. Eine Abtrennung mit einem Glassteg ist hierfür aber der bekannteste und geläufigste Weg. Sie ermöglicht es, ganz verschiedene Substrate in den trockenen Landteil zu füllen, wobei jedoch eine Drainageschicht immer vorhanden sein soll. Den Landteil mit Hydrokultur zu füllen ist ebenfalls eine häufig gewählte Möglichkeit.

Ein entsprechend bemessener Steg aus fünf Millimeter dickem Fensterglas wird mit Aquariensilikon ins Becken eingeklebt und trennt beide Teile wasserdicht voneinander. Es wird empfohlen, diesen Glasstreifen nicht senkrecht, sondern leicht schräg ins Becken einzukleben. Dabei steigt die Schräge vom Beckenboden zum Landteil hin leicht an. Der Ausstieg aus dem Wasserteil wird dadurch erleichtert. Mithilfe von Holz- oder Wurzel-

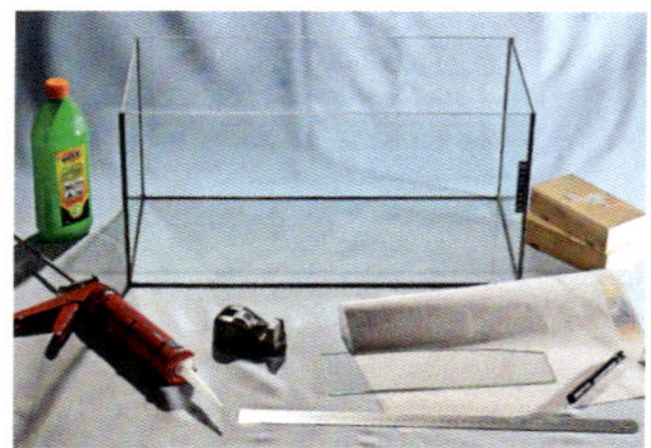

Mit wenig Werkzeug kann eine Glasscheibe als Trennung eingebaut werden

Auf die gereinigten Grund- und Seitenscheiben wird Aquariensilikon aufgetragen

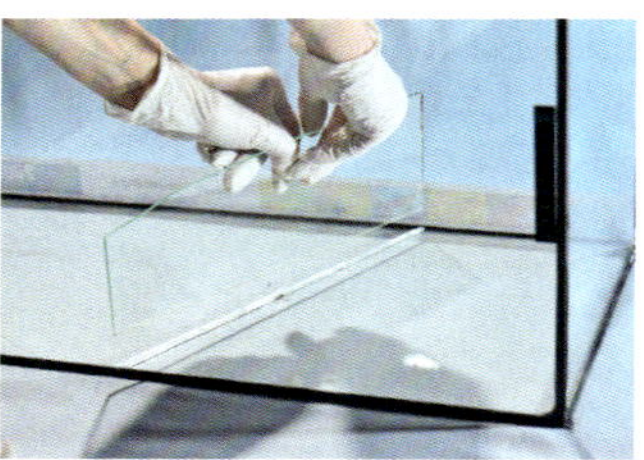

Der Glassteg als Trennung wird eingepasst

Der Glassteg wird fixiert, bis das Silikon ausgehärtet ist

Jetzt kommt der Test, ob die Trennung wirklich wasserdicht ist

Endlich kann der Landteil eingerichtet werden

stücken, Korkrinde oder größeren Steinen lässt sich der Glassteg kaschieren und damit eine Kletterhilfe für die Bewohner schaffen. Er kann mit Silikon eingestrichen und mit Sand oder anderem natürlichen Material bestreut werden.

◂ Ein Stück Wurzelholz lässt den Übergang natürlicher wirken und dient als Kletterhilfe

Ein Paludarium ohne feste Trennung zwischen Land und Wasser (hier durch einen Filterschwamm) führt zu biologischen Prozessen in der „Sumpfzone" des Landteils. Zur Erhaltung des Gleichgewichts ist es aber wichtig, den Nährstoffeintrag und andere Parameter bei der Planung zu bedenken

Beflockung von Oberflächen

Unter „Beflockung" versteht man das Auftragen von verschiedenen natürlichen Materialien auf einen festen Untergrund im Paludarium, beispielsweise auf eine Trennwand zwischen Land und Wasser, oder eine Seiten- bzw. Rückwand. Hierfür wird die Unterlage, die beflockt werden soll, gut gereinigt und dann mithilfe eines Spachtels mit Aquariensilikon bestrichen. Je schwerer die Materialien sind, die aufgebracht werden sollen, umso dicker muss die aufgetragene Silikonschicht sein.

Dann wird mit Korkrindenspänen, Blähton, Sand und ähnlichen Materialien je nach Geschmack und nachgebildetem Lebensraum bestreut.

Rück- oder Trennwände können, wie hier, mit verschiedenen Materialien gestaltet werden.

Es sollten aber nur solche (saugfähigen) Materialien aufgetragen werden, die auch dauerhaft im Wasser bleiben können und die Wasserwerte nicht belasten.

Als besondere Hingucker (und Kletterhilfen für die Tiere) können auch größere Wurzel- oder Holzstücke geeigneter Hölzer mit in die Struktur eingebaut werden.

Wichtig dabei ist es, immer mit dem Großen und Schweren zu beginnen und sich zum Kleinen und Leichten hinzuarbeiten. Das bedeutet, dass zuerst die gröberen Materialien und erst später die kleineren für die verbleibenden Lücken aufgebracht werden, damit alles gut auf dem Silikon haften kann. Am wirkungsvollsten ist eine bunte Mischung aus verschiedenen Materialien, die angerührt und dann aufgetragen wird. Dies kommt dem natürlichen Vorbild optisch am nächsten. Dieser Mischung können auch Moossporen aus dem Terraristikfachhandel beigefügt werden. Insbesondere bei Regenwaldpaludarien ist dieses sogenannte „animpfen" mit Moossporen gängig. So wächst auf dem natürlichen Untergrund recht schnell ein Moosteppich heran, der einen äußerst schönen optischen Effekt erzielt. Der ganze Belag wird dann möglichst fest angedrückt, damit sich alles gut mit dem Silikon verbindet. Nach einer Nacht bei guter Belüftung ist das Silikon definitiv ausgehärtet und das überschüssige Material kann dann mit einem Pinsel entfernt werden. Eventuell muss an einzelnen Stellen noch nachgearbeitet werden, bis am Ende die ganze Oberfläche nahtlos beflockt ist.

Alternativen für den Übergang

Wertvolle Tipps für Alternativen lassen sich aus der Gestaltung von Terrarienlandschaften ableiten. Zwar ist dies mit ein bisschen mehr Bastelaufwand verbunden, aber dafür lassen sich umso schönere und individuellere Lösungen erschaffen. Eine Möglichkeit besteht darin, den Übergang von Land zu Wasser mit Steinen und Kies zu verdichten und dann mit Epoxidharz zu überziehen, sodass er wasserdicht wird. Weniger Gewicht als natürliches Gestein und mehr individuelle Gestaltungsmöglichkeit bieten die Materialien Styropor bzw. Styrodur. Dabei ist Styrodur feiner in der Materialbeschaffenheit und lässt sich präziser bearbeiten. Einzelne Lagen des Materials werden mit Aquariensilikon aufeinander fixiert und mit-

Styropor oder Styrodur bieten viele Möglichkeiten zur Gestaltung von Übergängen

Bei dieser eingeklebten Trennung zwischen Land- und Wasserteil wird ein Spalt über der Bodenplatte gelassen, durch den ein Wasserschlauch passt. Dadurch kann Wasser aus dem Wasserteil zu einem Wasserfall auf dem Landteil gepumpt werden, und von dort strömt es durch den Bodengrund (der wie ein Filter wirkt) zurück in den Wasserteil

tels Cuttermesser, Heißluftfön oder Lötkolben in die gewünschte Form gebracht. Die fertige Struktur wird mit mehreren Schichten Fliesenkleber und Epoxidharz versiegelt.

Bei Epoxidharz bietet sich die Möglichkeit, zunächst eine Schicht klaren Harzes aufzutragen und darüber dann eine mit speziellen Farbpigmenten gefärbte Harzschicht. Darüber kommt dann eine weitere gefärbte Harzschicht, die außerdem mit natürlichen Materialien beflockt werden kann.

Wasserdurchlässige Abtrennung

Falls im Paludarium die beiden Bereiche Land und Wasser nicht wasserdicht getrennt werden sollen, kann stattdessen mit verschiedenen Materialien eine durchlässige Barriere gestaltet werden. Diese kann sehr naturnah anmuten und ermöglicht den Tieren den einfachen Wechsel zwischen beiden Beckenteilen. Geeignet als Barriere sind eine Aufschüttung größerer Steine, ein Stück Wurzelholz oder Korkrinde. Bei Steinaufbauten ist immer da-

Wurzelholz und größere Kiesel sind gut als Barriere geeignet, hinter der feiner Kies als Landteil aufgeschüttet wird

Schiefer in Terrassenform gestapelt ergibt, besonders bei einem niedrigen Wasserstand, einen schönen Übergang (Aquarium Berlin)

rauf zu achten, dass die Steine stabil und fest verbaut werden, beispielsweise mit Aquariensilikon verklebt werden.

Die Landseite des Beckens wird mit Kies aufgefüllt, logischerweise bis knapp über die geplante Höhe des Wasserstandes. So kann sichergestellt werden, dass nach dem Einfüllen des Wassers der Landteil trocken bleibt. Erst darüber kann anderer Bodengrund aufgetragen werden, wobei auf Erde oder Sand verzichtet werden sollte. Stattdessen können Moospolster, Blätter und Rindenstücke zur Schaffung von Versteckplätzen genutzt werden. Das Problem bei der durchlässigen Variante sind Fäulnis- und Verrottungsprozesse. Um dies bestmöglich zu verhindern, sollte ein grobkörniger Kies gewählt werden, dadurch wird die Durchlüftung verbessert.

Je nach Gestaltung des Beckens und nach dem Besatz kann überlegt werden, den mit Kies aufgefüllten Landteil in regelmäßigen Abständen durchzuspülen, sodass Kot und anderes organisches Material aus dem Kies heraus in den Wasserteil gespült wird und dort abgesaugt werden kann.

Um dieses Verfahren anwenden zu können, müssen Pflanzen in Töpfe gesetzt werden. Für diese Methode sind die erwähnten Moospolster besonders geeignet, da sie zur Durchspülung des Beckens problemlos entnommen werden können.

Angesichts der Verbreitung von Chytridpilzen, die für Amphibien sehr gefährlich sind, und auch aus Gründen des Artenschutzes, sollten keine Moospolster aus der Natur entnommen werden. Der Fachhandel bietet Moos an, das ist zwar die teurere Variante, aber dafür ist man vor der Einschleppung von Pilzkrankheiten geschützt.

Rindenstücke sind ebenfalls eine sehr praktische Möglichkeit, den Landteil solcher Becken pflegeleicht zu strukturieren.

AQUA MEDIC

Keine Abtrennung

Aus der Terraristik lassen sich viele bauliche Ideen abschauen, die gut auch für Paludarien funktionieren

Sumpfbecken, in denen der Landteil selten oder jeweils nur sehr kurz zum Sonnenbaden aufgesucht wird, können auch ohne eine Aufteilung in Land- und Wasserteil strukturiert werden. Stattdessen können einzelne große Steine, Holzstücke oder eine Aufschichtung aus solchen Materialien wie Inseln aus dem Wasser ragen. Eine einfache Lösung sind etwa übereinandergeschichtete Ziegelsteine, die sich gut stapeln und dem jeweiligen Wasserstand anpassen lassen. Hierbei muss aber sehr genau auf die Stabilität der Aufschichtung geachtet werden. Ein Stück Rinde oder Ähnliches auf dem Ziegelsteinturm verleiht ihm zusätzliche Struktur.

Noch simpler ist ein Stück Korkrinde, das als Insel auf dem Wasser schwimmt. Um dieser Schwimminsel eine optische Rahmung zu geben, kann sie mit aus dem Wasser ragenden Wurzelstücken und Sumpfpflanzen umringt und damit optisch eingefasst werden.

Landteil als schwimmende Insel

Inseln

Ein inselförmiger Landteil kann ganz einfach und schnell entstehen, indem ein entsprechend geeignetes Gefäß (häufig werden hierfür Blumenkästen genutzt) in das Becken gestellt oder gehängt wird. Eine naturnahe und komplex strukturierte Insellandschaft, die aus dem flachen Wasser ragt, kann mit größeren Steinen (Gewicht beachten!) und Wurzelholz gestaltet werden. Die einzelnen Elemente sollten untereinander befestigt werden, damit sie nicht später ungeplant verrutschen und eine

Gefahr für die Bewohner darstellen. Auch hier hilft Aquariensilikon als Verbindung.

Alternativ können aus Schichten von Korkplatten, die entsprechend in Form geschnitten und mit Aquariensilikon aufeinander geklebt werden, terrassenartige Landschaften erschaffen werden. Mit dieser Methode erhält das Wasserbecken leicht eine sehr interessante Bodenstruktur mit kleinen Tälern und Erhebungen. Auch aus Ton können Elemente für eine solche Unterwasserlandschaft getöpfert werden.

Pfützen

Im Fachhandel für den Gartenbedarf findet man vorgefertigte Wassergefäße aus Plastik oder Ton, die als kleine Teiche oder Vogeltränken verkauft werden. Solche künstlichen Elemente können als Grundlage dienen und dann mit ein bisschen Fantasie als Wasserstellen in ein Paludarium eingebunden werden. Mithilfe von Aquariensilikon und natürlichem Material wie kleinen Kieseln usw. kann man sie entsprechend verzieren.

Rückwand und Felsformationen

Natürliche Rückwand

Manchen Paludarien, beispielsweise bei Sumpfzonen-Becken, fehlt es gänzlich an einem abgetrennten Landteil, denn nur einige Steine, Wurzeln und Pflanzen ragen aus dem flachen Wasserstand heraus. Hier kann stattdessen die Rückwand mit besonderem Augenmerk gestaltet werden. Eine einfache Lösung dafür ist gepresste oder geklebte Korkrinde, die an der Rückseite des Beckens befestigt wird. Sie bietet eine gute Struktur, auf der sich rankende Sumpfpflanzen oder Kletterpflanzen ausbreiten können. Bei entsprechender Luftfeuchtigkeit bzw. insbesondere nahe der Wasserlinie wachsen nach einiger Zeit Algen, Moose und manchmal auch Pilze. Zugleich entfaltet eine Rückwand aus Korkrinde eine beeindruckende Tiefenwirkung. Auch wenn sie dauerhaft im Wasser steht, ist sie hinreichend beständig, um zehn Jahre oder länger ohne größere Anzeichen biologischer Zerfallsprozesse zu überdauern.

Eine Rückwand aus Korkrinde ist einfach, günstig und attraktiv

Korkrückwände wirken sehr natürlich und sind eine gute Struktur für kletternde Bewohner (Aquarium Berlin)

Felsformationen aus Styropor

Künstliche Rückwand und Felsen

Wenn die Rückwand individuell gestaltet werden soll, dann genügt eine vorgefertigte Lösung natürlich nicht. Als Grundlage eines solchen Eigenbaus ist eine Styropor- oder Styrodurplatte geeignet (s. S. 52). Mit einer Schere, einem Cuttermesser sowie Lötkolben oder Heißluftfön kann das Material zugeschnitten und bearbeitet werden. Mit wasserfestem Klebstoff werden verschiedene Styropor-/Styrodurteile aneinandergesetzt. Im nächsten Schritt kann Zementmörtel aufgetragen werden. Eine Außen-Dispersion gibt der Rückwand die passende Farbe. Schließlich wird Expoxidharz zur Versiegelung aufgetragen. Nach etwa einer Woche ist die Aushärtung abgeschlossen und die Rückwand wasserdicht.

Auch PU-Schaum kann genutzt werden, um damit eine künstliche Rückwand zu gestalten. Mit dem Schaum wird eine Struktur modelliert, die nach dem Aushärten mit einem Messer oder einem Rasiermesser weiter bearbeitet werden kann. Auch in diesem Fall verstärkt eine farbliche Gestaltung den natürlichen Eindruck. Auf die gleiche Weise können auch andere Dekoteile wie beispielsweise Felsformationen im Eigenbau entstehen.

Bei künstlichen Materialien ist stets darauf zu achten, dass von ihnen keine schädliche Wirkung auf die Pfleglinge ausgeht, insbesondere Amphibien sind diesbezüglich sehr empfindlich. Daher sollten Produkte gewählt werden, die für den Einsatz in Aquarien oder Feuchtterrarien empfohlen sind. Die abschließende Beschichtung mit Expoxidharz hat eine versiegelnde Funktion und ist deshalb extrem wichtig.

Wasserlauf oder Bachlauf

Ein Wasser- oder Bachlauf, oder je nach Wunsch auch ein Rinnsal oder Wasserfall, kann mithilfe eines leistungsfähigen Außenfilters oder einer außerhalb des Beckens in einem Wassergefäß installierten (Kreisel-) Pumpe problemlos betrieben werden. Dabei gilt es nicht nur auf die Pumpenleistung zu achten, sondern insbesondere auf die Förderhöhe. Diese wird in mWs (Meter Wassersäule) ausgewiesen. Lasst Euch im Fachhandel entsprechend beraten, damit Euer System am Ende gut funktioniert. Gleiches gilt, wenn bei einem Außenfilter nicht die gesamte Wassermenge in den Wasserlauf geleitet werden soll (schließlich führt ein kleines Rinnsal ja auch nur geringe Mengen Wasser). Mit ein bisschen Know-how und den passenden Bauteilen kann man den Ausfluss aus dem Außenfilter in zwei Richtungen teilen und so die Wassermenge für den Wasserlauf reduzieren. Eine etwas aufwendigere, aber durchaus sinnvolle Lösung, um Druckschwankungen und damit verbundenes Spritzwasser beim Filterausfluss zu verhindern, funktioniert folgendermaßen: Das aus dem Filter zugeführte Wasser wird zunächst in einen Sammelbehälter geleitet, der im Becken unmittelbar hinter dem Wasserlauf verbaut ist. Aus diesem Gefäß heraus läuft das Wasser dann mittels Überlauf gleichmäßig in den Wasserlauf.

Es gibt vielfältige Möglichkeiten, einen solchen Wasserlauf zu gestalten, ganz simpel über Steine und Wurzeln laufend oder mit einem naturnah gestalteten Bachbett. Je nachdem, wie viel Wasser zufließt und wie steil der Wasserlauf gestaltet ist, lässt sich vom kleinen Rinnsal bis zum sprudelnden Bach vieles realisieren.

Will man ein Bachbett modellieren, so gelingt dies mithilfe von Zementmörtel (oder dünnflüssigem Beton), der mit Expoxidharz überzogen wird. Hierfür kann zunächst aus Styrodur das Bachbett modelliert werden, bevor dann Zementmörtel oder Beton darauf verteilt werden. Auch aus PU-Schaum lässt sich ein Bachbett gestalten. Kieselsteine verschiedener Größen, die mit Aquariensilikon verklebt und anschließend mit Epoxidharz versiegelt werden, bedeuten zwar einiges Gewicht, aber insbesondere für einen Bergbach erzeugen sie einen äußerst naturnahen Effekt.

Ein Wasserlauf kann auch über horizontale Glasterrassen geleitet werden

Notwendige Technik

Die erfolgreiche Haltung und Vermehrung vieler Tierarten hinter Glas, wie wir sie gewohnt sind, ist erst durch die fortschreitende Verbesserung der Technik möglich geworden. Egal ob sie zur Beleuchtung, zur Beheizung, zur Filterung oder einem anderen Zweck dient, die Technik ist kein Selbstzweck, sondern dazu da, die jeweilig notwendigen Parameter zu erreichen und stabil zu halten. Denn ein Paludarium mag ein noch so kunstvoll gestalteter Lebensraum sein, es ist und bleibt ein künstlich erschaffenes System, das von Mensch und Technik kontrolliert, gesteuert und auf diese Weise überhaupt nur aufrecht erhalten werden kann.

Klima

Paludarien können die verschiedensten Klimazonen nachbilden. Hat man sich für eine konkrete Tierart entschieden, die in das Paludarium einziehen soll, muss man sich informieren, welche spezifischen klimatischen Parameter diese Art bevorzugt. Um diese Bedürfnisse dann bestmöglich zu erfüllen, ist in vielen Fällen Technik erforderlich. Dabei handelt es sich einerseits um Messtechnik (Luft-, Wasser- und Bodentemperatur sowie Luft- und Bodenfeuchtigkeit und relevante Wasserwerte), andererseits um Technik zum Heizen, Befeuchten und Belüften. Idealerweise koppelt man beides so miteinander, dass beispielsweise ein Temperaturfühler die Lufttemperatur misst und bei Bedarf die Heizung aktiviert.

Offene Becken bieten viele Möglichkeiten der Beleuchtung

Licht

Die künstliche Beleuchtung gibt dem Becken einen Tag- und Nachtrhythmus und versorgt die Pflanzen mit dem nötigen Licht für ihr Wachstum. Die künstliche Beleuchtung lässt sich dabei – gegenüber dem natürlichen Lichteinfall durch ein Fenster –, besser steuern, zumal von direkter Sonneneinstrahlung abzuraten ist, da das Algenwachstum zu stark überhand nähme. Leuchtstoffröhren

Mit kleineren Leuchtelementen lassen sich punktuelle Effekte erzielen

oder LEDs aus dem Aquaristikbedarf eignen sich auch für die Beleuchtung eines Paludariums. Es gilt darauf zu achten, inwieweit durch die Beleuchtung Wärme in das Becken geleitet wird. Denn bei manchen Bewohnern kann dies beispielsweise die nötige jahreszeitliche Absenkung der Temperaturen erschweren.

Die Lichtbedürfnisse der Land- und Wasserpflanzen können sich stark unterscheiden. Für den Wasserteil sollten – insbesondere wenn Epiphytenäste über dem Wasser hängen sollen, die den Wasserteil beschatten – eher schattenliebende Pflanzenarten ausgewählt werden.

Filterung

Die Filterung sollte im Paludarium keinesfalls fehlen. Der Filter hält die (im Vergleich zum Aquarium mit den gleichen Außenmaßen) kleine Menge Wasser des Paludariums in einem biologischen Gleichgewicht. Andernfalls bestünde die akute Gefahr, dass durch biologische Abbauprozesse (Futterreste, Kot) die Qualität des Wassers zu stark belastet würde. Außerdem wird durch einen Filter das Wasser von Schwebstoffen geklärt und durch die Zirkulation der Wasserströmung wird die Temperatur in den verschiedenen Beckenbereichen angeglichen. Deshalb bietet sich je nach Größe des Wasserteils, sowie abhängig von den darin gepflegten Tieren, ein entsprechend dimensionierter Innen- oder Außenfilter an. Dabei macht es einen großen Unterschied, ob beispielsweise Sumpfschildkröten oder Molche in

Der EHEIM miniFLAT ist dafür konzipiert, am Beckenboden angebracht zu werden und von unten nach oben zu filtern

Der EHEIM miniUP Innenfilter sowie der JBL PRO CRISTAL i30 wurden für Nano-Aquarien entwickelt und sind ebenso für Paludarien geeignet

einem Wasserbecken gepflegt werden, da die Ausscheidungen der Schildkröten erfahrungsgemäß einen überdimensionierten Außenfilter erforderlich machen, während bei Molchen ein kleiner Innenfilter vollkommen genügt. Deshalb ist die Wahl der Technik stets so zu treffen, dass sie den individuellen Bedürfnissen der Tiere und des geplanten Beckens insgesamt Genüge tut. Auch hier gilt daher, lasst Euch von erfahrenen Haltern beraten!

Die Filterung bei Paludarien bietet noch weitere Herausforderungen: Wie bei Aquarien muss der Filter selbstverständlich der Größe des Wasserteils angepasst sein. Ein zu leistungsschwacher Filter schafft es nicht, die Gesamtmenge Wasser zuverlässig zu filtern. Manch ein Wasserteil in einem Paludarium allerdings, etwa bei einem Sumpfbecken, ist fast zu klein oder der Wasserstand beinahe zu niedrig, um mit gängigen Innenfiltern zu arbeiten. Es gibt aber von einigen Herstellern Spezialmodelle für Paludarien bzw. für Nano-Aquarien. Diese sind aufgrund ihrer kleinen, flachen Bauweise und ihrer geringen Umwälzung durchaus für kleine Wasserbecken in Paludarien geeignet.

Technik, die in kleinen Wasserteilen oft störend wirkt, lässt sich gut hinter Wurzeln und ähnlichen Strukturen verbergen. Diese Pumpe leitet das Wasser zu einem Wasserfall am Landteil, von wo es durch den Bodengrund und Filterschwamm zurück strömt

Ein Außenfilter hat den Vorteil, dass der Auslauf des Filters einen Bachlauf oder Wasserfall speisen kann. Hierfür muss auf einen entsprechend leistungsfähigen Außenfilter geachtet werden, dessen Pumpe eine ausreichende Förderhöhe hat (s. S. 67). Manche Außenfilter verfügen über eine eingebaute Heizung, was für tropische Paludarien durchaus sinnvoll sein kann. Da die Wasserbecken im Paludarium ja deutlich kleiner als normale Aquarien sind, ist jede im Becken eingesparte Technik – wie etwa ein Aquarienheizstab – eine

Erleichterung bei der Gestaltung des Wasserteils.

Bei Becken, die keine wasserundurchlässige Abgrenzung zwischen Land- und Wasserteil haben, ist es wichtig, das in der Drainageschicht des Landteils stehende Wasser bei der Filterung ebenfalls im Blick zu haben.

Um den Landteil als Filter zu nutzen, wird Wasser von einer im Wasserteil befindlichen Pumpe aus per Schlauch auf den Landteil geleitet, wo es zu einem Wasserlauf oder die Rückwand herunterrieseln kann. Dieses Wasser sickert dann durch den Bodengrund des Landteils und strömt zurück in Richtung Pumpe.

Kai Quante hat bei seinen Paludarien eine feste Trennung zwischen Land- und Wasserteil eingebaut (in Form eines Stücks Aquarienrückwand), aber über der Bodenplatte einen Spalt freigelassen. Durch diesen Spalt fließt das Wasser aus dem Landteil zurück in den Wasserteil. Nutzt man als unterste Drainageschicht grobe Kiesel, über die eine Lage Fliegengaze gelegt wird, und füllt darüber dann feineren Kies, so erhält man einen sehr guten Filtereffekt. Das auf dem Landteil versickernde Wasser strömt durch die Kiesschichten bis hinunter durch die großen Kiesel und wird von dort durch den Spalt in der Abtrennung wieder in den Wasserteil geleitet.

Belüftung

Im Paludarium sind die Themen Luftqualität und Belüftung wichtig, allerdings unterscheiden sich die verschiedenen Becken dabei sehr in ihren Erfordernissen. Bei offenen Becken entweicht nämlich die Luftfeuchtigkeit mit der warmen Luft schnell nach oben aus dem Becken. Bei von allen Seiten geschlossenen Becken hingegen führt das verdunstende Wasser aus dem oftmals beheizten Wasserteil schnell zu einer hohen Luftfeuchtigkeit. Trotz der standardmäßig eingebauten Lüftungsflächen, idealerweise aus Gaze, kann die Luftfeuchtigkeit unter Umständen zu hoch ansteigen. Dies

Belüftung ist in Paludarien wichtig und sollte gut geplant werden

kann zu Schimmelbildung führen. Daher sollte die Luftfeuchtigkeit kontrolliert werden, damit bei konstant zu hoher Luftfeuchtigkeit Gegenmaßnahmen getroffen werden können. Einige Landpflanzen, beispielsweise Orchideen, bedürfen einer zusätzlichen Befeuchtung durch tägliches Sprühen. Bei zu hoher Luftfeuchtigkeit im Becken verdunstet das Sprühwasser danach aber eventuell nicht schnell genug, darunter leiden die Pflanzen.

Falls die Luftfeuchtigkeit zu hoch bleibt und die Lüftungsflächen des Beckens nicht ausreichen, kann mithilfe eines Ventilators eine bessere Luftzirkulation bewirkt werden. Andererseits besteht bei zu großen Lüftungsflächen die Gefahr, dass die Luftfeuchtigkeit nicht das hohe Niveau erreicht, das manche Arten benötigen. Ventilatoren können auch zur Kühlung eingesetzt werden. Hierfür werden wahlweise zwei physikalische Effekte genutzt: einerseits die Zuleitung von kühlerer Außenluft und andererseits die Erzeugung von Verdunstungskälte. Bei beidem kann ein Ventilator hilfreich sein.

Temperatur

Je nach Wahl der Klimazone, die in dem Paludarium nachgebildet werden soll, ist eine Beheizung entweder verzichtbar oder aber zwingend erforderlich. Im Kapitel „Energiesparendes und ökologisches Paludarium“ sind einige Überlegungen zu hohen Heizkosten und deren Vermeidung beschrieben. Aquarienheizstäbe sind ein probates und verlässliches Instrument, um den Wasserteil des Beckens zu beheizen. Bei Paludarien, die von allen Seiten geschlossen sind, erwärmt der Heizstab im Wasserteil indirekt auch das übrige Becken, denn das erwärmte Wasser gibt Temperatur an die Luft ab. Hinzu kommt gegebenenfalls noch Wärme, die von der Beleuchtung abgegeben wird, sodass in geschlossenen Paludarien je nach Zieltemperatur möglicherweise auf eine zusätzliche Beheizung der Luft bzw. des Landteils verzichtet werden kann. Bei temperaturliebenden Landbewohnern kann dennoch eine gezielte Beheizung des Landteils nötig werden. Die Terrarientechnik bietet hierfür eine Vielzahl an technischen Lösungen, die auf das jeweilige Becken und die darin gepflegten Tiere abgestimmt werden müssen. Eine kundige Beratung ist hierbei wichtig!

Bei der Temperatur gilt im Grundsatz: Erwärmen geht leichter als Herunterkühlen. Dies solltet Ihr bei der Wahl des Stellplatzes für Euer Becken beachten. Wenn Ihr zumindest phasenweise Temperaturen unter 20 Grad benötigt, ist ein ganzjährig gut gewärmtes Wohnzimmer nicht der richtige Ort. Zwar hilft die Verdunstungskälte, die Temperatur ein wenig herabzusenken, aber nachhaltig ist diese Methode nicht. So kann es beispielsweise für Bergbachbewohner im Paludarium im Sommer zu warm werden, weil das Wasser in ihrem natürlichen Lebensraum ganzjährig kühl bleibt. Es gibt technische Lösungen, um Aquarienwasser zu kühlen. Allerdings ist dies sehr energieaufwendig und dementsprechend teuer. Es ist daher ratsam, ein solches Becken nur an einem Ort aufzustellen, der ganzjährig kühl bleibt. Ist kein geeigneter Keller verfügbar, kann auch die Platzierung des Beckens außen in einem schattig gelegenen Schuppen bzw. unter einer schützenden Überdachung in Erwägung gezogen werden. Die nächtliche Temperaturabsenkung im Außenbereich kann auch heiße Sommer durchaus erträglich machen. Um einen solchen geeigneten Standort zu finden, ist ein vorheriger Testlauf über die Sommermonate ohne Tierbesatz ratsam.

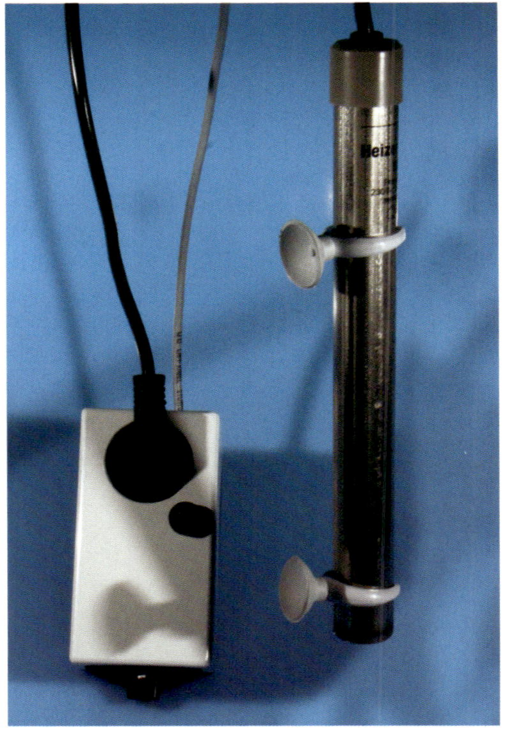

Ein Heizstab lässt sich gut auch in kleinere Wasserteile integrieren

Bepflanzung

Ein Paludarium kann sowohl unter als auch über Wasser bepflanzt werden, vorausgesetzt die Bewohner lassen die Pflanzen in Ruhe und die sonstigen Parameter wie beispielsweise die Beleuchtung stimmen. Da viele beliebte Aquarienpflanzen eigentlich Sumpfpflanzen sind, bietet ihnen ein Paludarium die Möglichkeit, aus dem Wasser herauszuwachsen, sich vollends zu entfalten und beispielsweise ihre Blüten oder Fruchtstände auszubilden.

Abwechslungsreich bepflanztes Paludarium

Setzt man solche altbekannten Aquarienpflanzen in ein Paludarium, ermöglicht es ganz neue Beobachtungen, die im Aquarium sonst verborgen bleiben. Zugleich bilden solche Sumpfpflanzen Versteck- und Laichmöglichkeiten, beispielsweise für wasserlebende Amphibien. Nicht zuletzt haben Wasser- bzw. Sumpfpflanzen auch den Vorteil, dass sie dem Wasser Schadstoffe entziehen, die beim Abbau organischen Materials (Futterreste, Kot) gebildet werden. Viele Arten von Wasserschildkröten hingegen sind schwer oder gar nicht mit

Unter Wasser und ...

... über Wasser

Wasserpflanzen verträglich, da sie diese als Nahrung anfressen und gerne beim Wühlen auch aus dem Bodengrund reißen. Die Gestaltung des Wasserbeckens sollte bei ihnen deshalb mit Wurzelholz und anderen geeigneten Einrichtungsgegenständen gelöst werden.

Schwimmpflanzen können in einem solchen Becken zusätzliche Möglichkeiten schaffen, damit amphibisch lebende Bewohner das Wasser verlassen können. Vorsicht: In älterer Literatur werden einige Arten von Schwimmpflanzen empfohlen, die aufgrund ihres Potenzials zur invasiven Ausbreitung mittlerweile durch die europäische IAS-Liste (List of Invasive Alien Species of Union concern) europaweit verboten sind. Dies gilt für die Wasserhyazinthe (*Eichhornia crassipes*) und für den Schwimmfarn (*Salvinia molesta, Syn. S. adnata*). Aus den gleichen Gründen wird der Wassersalat (*Pistia stratiotes*) ab August 2024 als invasive Art in der EU verboten und hat somit keine Zukunft im Paludarium.

Pflanzen und Tiere ergeben ein üppiges Gesamtbild

Sumpfpflanzen gedeihen auf Dauer unter Wasser nicht gut

Wasserpflanzen-Klassiker

Die Wasserpflanzen im engeren Sinn (Hydrophyten) sind an ein Leben im Wasser angepasst und können dieses in der Regel nicht verlassen. Bekannte Vertreter in unseren Aquarien sind die Wasserpest (*Elodea*), die Wasserschraube (*Vallisneria*), das Laichkraut (*Potamogeton*), die Haarnixe (*Cabomba*), das Tausendblatt (*Myriophyllum*), das Nixenkraut (*Najas*) oder das Hornblatt (*Ceratophyllum*). Solche Wasserpflanzen sind für den Wasserteil eines Paludariums (je nach Wasserstand!) gut geeignet. Vallisnerien als Strömungsbewohner können beispielsweise in einem Bachbecken eine wichtige Rolle spielen, um strömungsberuhigte Plätze zu schaffen. Das frei im Wasser schwimmende Hornblatt bildet an der Wasseroberfläche dichte Teppiche, die für viele Amphibien eine gute Laichgelegenheit bieten.

Tausendblatt (*Myriophyllum aquaticum*) ◂

Haarnixe (*Cabomba caroliniana*) ▾

Wassernabel (*Hydrocotyle vulgaris*)

Hornblatt (*Ceratophyllum demersum*)

Wasserpest (*Elodea canadensis*)

Wasserschraube (*Vallisneria spiralis*)

Laichkraut (*Potamogeton nodosus*)

Nixkraut (*Najas guadalupensis*)

Sumpfpflanzen

Zahlreiche, vermeintliche Wasserpflanzen im Aquarium sind eigentlich Sumpfpflanzen. Da sich die Wuchsform unter Wasser (submers) oft deutlich von der über Wasser (emers) unterscheidet, kennen wir von vielen dieser Pflanzen gar nicht die volle Pracht. Erst im Paludarium, wenn die Pflanzen über die Wasserlinie hinaustreiben können, erblickt

◂ Javamoos (*Vesicularia dubyana*)

der Beobachter ihre ganze Erscheinung. Solche Pflanzen sind in der Natur meist im Röhrichtgürtel angesiedelt, wurzeln dort im flachen Wasser und treiben mit ihren Blättern über die Wasserlinie hinaus. Die in Aquarien nicht zuletzt wegen ihrer robusten Blätter geschätzten Speerblätter (*Anubias*) zählen hierzu, Schwertpflanzen (*Echinodorus*) und Wasserkelche (*Cryptocoryne*) sowie Aronstabgewächse der Gattung *Lagenandra*.

Um den Übergang vom Wasser- zum Landteil zu bepflanzen, sind Moose der Gattung *Vesicularia* gut geeignet. Am bekanntesten ist das Javamoos (*Vesicularia dubyana*), das über Wurzeln, Steine und Rindenstücke wachsen kann, insofern diese beständig feucht sind. Eine hohe Luftfeuchtigkeit begünstigt die amphibische Wuchsform. Der Wassernabel (Gattung *Hydrocotyle*) rankt über wie unter Wasser dicht.

Grasblättriger Wasserkelch (*Cryptocoryne crispatulata*)

Herzblättrige Schwertpflanze (*Echinodorus cordifolius*)

Kaffeeblättriges Speerblatt (*Anubias barteri*)

Aronstabgewächs (*Lagenandra toxicaria*)

Landpflanzen

Auch Landpflanzen, die keinen feuchten Standort benötigen bzw. einen feuchten Untergrund auch nicht gut vertragen würden, lassen sich im Paludarium pflegen. Jedoch muss bei der Auswahl ihres Standortes entsprechend darauf geachtet werden, dass sie nicht (zu) feucht stehen. Neben einer wasserdichten Barriere zwischen Land- und Wasserteil, die den Landteil trocken hält, hat es sich als sehr praktikabel erwiesen, Pflanzen in einem Pflanztopf im Becken zu platzieren. Dieser kann stehend wie auch hängend sicherstellen, dass die Pflanzen keine ‚nassen Füße' bekommen.

Mit Farnen und Moosen lässt sich ein kleiner Urwald gestalten

Frauenhaarfarn (*Adiantum raddianum*) stammt aus dem tropischen Regenwald

Dendrobium

Zygopetalum

Pflanzen, die Feuchtigkeit mögen (beispielsweise Efeututen), können in Töpfen mit Hydrokultur direkt in den Wasserteil gehängt oder gestellt werden. In diesem Fall entziehen die Pflanzen über ihre Wurzeln dem Wasser Nährstoffe.

So können zahlreiche bekannte Zimmerpflanzen im Paludarium kultiviert werden. Die meisten für ein Paludarium geeigneten Tierarten schonen die Pflanzen, weshalb auch empfindlichere Gewächse hier einen Platz finden können. Im feuchtwarmen Klima ei-

Cryptanthus

Bromelis (*Cryptanthus*)

Kannenpflanze (*Nepenthes*)

Sarracena (Schlauchpflanze)

Nachtfalterorchideen (*Phalaenopsis*)

Cattleya

nes tropischen Paludariums gedeihen zum Beispiel viele Orchideen, etwa Nachtfalterorchideen (*Phalaenopsis*) sowie Arten aus der Gattung *Brassia* und *Cattleya*. Auch diverse Kleinorchideen, Bromelien, viele Farne, tropische Moose und Tillandsien passen gut. Arten wie *Tillandsia usneoides*, die täglich mit der Sprühflasche befeuchtet werden sollten, zugleich aber am besten wachsen, wenn das Sprühwasser schnell wieder verdunstet, gedeihen in offenen Paludarien dank der guten Belüftung besonders erfolgreich. In Paludarien ganz ohne Landbewohner können auch beispielsweise die faszinierenden Kannenpflanzen (*Nepenthes*), die zu den tropischen fleischfressenden Pflanzen gehören, ein besonderer Hingucker werden.

Tillandsien und *Nepenthes* (Kannenpflanzen) ◂

Bromelie (*Vriesea*) ▾

Aechmea ▴

Tillandsia ▾

Pilea peperomioides ▴

Epiphytenäste

Als Epiphytenäste bezeichnet man Äste mit einem Bewuchs aus Aufsitzerpflanzen (Epiphyten) wie etwa Bromelien, Farne, Orchideen, Agavengewächse und Aronstabgewächse. Sie lassen sich in einem Paludarium sehr gut einsetzen, um den Raum über dem Wasserteil zu strukturieren. Leben in dem Paludarium kletterfreudige Tiere, so bieten die Epiphytenäste ihnen tolle Bewegungsmöglichkeiten. Geeignet sind für solch einen Ast Apfel- und Robinienholz, das eine sehr gut strukturierte Rinde hat. In Vertiefungen und Pflanzmulden, bei Bedarf mithilfe von Draht fixiert, werden die Pflanzen auf den Ästen platziert. Hier wachsen sie zumeist schnell fest.

Epiphytenäste mit Tillandsie und *Anubias* ▲
und mit kleinen Orchideen und Tillandsien ▼

Tierbesatz

Eine Vielzahl spannender Arten eignet sich für ein Paludarium, wobei insbesondere Arten mit amphibischer Lebensweise – also dem Wechsel zwischen Land und Wasser – prädestiniert sind. Bei der Auswahl der Arten muss sichergestellt sein, dass die Tiere schwimmen können und somit nicht im Wasser zu ertrinken drohen, ein ausreichend großes Platzangebot vorhanden ist und alle sonstigen Ansprüche erfüllt sind.

Schwertschwanzmolche wechseln zwischendurch gerne an Land

Zu den Platzansprüchen ein kleines Rechenbeispiel:

Ein Aquarienbecken mit den Maßen 60 x 30 x 30 cm hat rechnerisch ein Volumen von 54 Litern. Dies gilt aber natürlich nur für den Fall, dass dieses Aquarium bis zur Oberkante mit Wasser gefüllt wird. Gestaltet Ihr es hingegen als Paludarium, so reduziert sich das maximal verfügbare Wasservolumen entsprechend durch den Landteil und den Anteil des Beckenvolumens, der als „freier Raum" oberhalb der Wasser- und Landfläche entsteht. Ein solches 54-Liter-Becken wird dann sehr schnell sehr eng. Eine kreative Lösung dieses Platzproblems kann natürlich geschaffen werden, indem man das Becken tatsächlich bis zur Oberkante mit Wasser befüllt und obendrauf einen bepflanzten Deckel setzt, bewachsen mit Sumpfpflanzen, deren Wurzeln in den Wasserteil ragen. Ihr seht also, es bedarf in jedem Fall einer genauen Planung und genauer Berechnung, um den Bedürfnissen der Bewohner in jedem Fall gerecht zu werden.

Hinsichtlich der Vergesellschaftung verschiedener Arten in einem Paludarium darf man sich nicht darüber hinwegtäuschen, dass ein solcher künstlich gestalteter Lebensraum hochgradig fragil ist. Unterschiedliche Bewohner mit verschiedenen Bedürfnissen in einem solchen Becken gleichermaßen optimal zu pflegen, ist schwer. Daher sollte, insbesondere für den Einstieg, der Schwerpunkt zunächst auf einer einzelnen Art liegen. Üppig begrünte Paludarien mit Wasserlauf, Nebler und hoher Luftfeuchtigkeit sehen zwar toll aus, sind aber oftmals für Amphibien und Reptilien zu feucht. Es gilt also, sich genau mit den Ansprüchen der Arten auseinanderzusetzen, dabei insbesondere auf Aspekte wie Luft- und Bodenfeuchtigkeit zu achten, und die Gestaltung sowie technische Ausstattung des Paludariums darauf auszurichten.

So vielfältig wie die Typen von Paludarien aus den verschiedenen geografischen Gebieten und Klimazonen, so vielfältig sind auch die möglichen Bewohner. Um eine Vorstellung zu gewinnen, wie breit das Spektrum der Tierarten ist, werden im Folgenden geeignete Wirbellose, Fische, Amphibien und Reptilien kurz vorgestellt. Dies bietet einen Überblick und zugleich einen Ausgangspunkt für die weitere Beschäftigung mit den jeweiligen Arten. Denn das Erfolgsrezept für ein Paludarium besteht vor allem darin, sich rechtzeitig zu überlegen, welche Bewohner mit welchen Ansprüchen gepflegt werden sollen. Von diesen Bedürfnissen der Tiere bezüglich Platz, Klima, Struktur des Lebensraumes usw. leiten sich dann alle übrigen Entscheidungen bezüglich Beckenauswahl, erforderlicher Technik, Einrichtung, Bepflanzung usw. ab. Daher sind nach der Entscheidung für eine bestimmte Tierart weitere Recherchen nötig.

Tipp: Einsteiger sollten sich am Anfang auf eine einzige Art beschränken

Wirbellose

Ein Paludarium braucht keinesfalls zwingend ein Wirbeltier als Bewohner, auch einige Wirbellose sind sehr gut geeignet. Beispielsweise können in einem Mangroven-Paludarium Mangrovenkrabben (Sesarmidae) biotopnah gepflegt werden. Bei diesen Allesfressern steht braunes Herbstlaub ganz oben auf der Speiseliste. Weniger biotopspezifisch, aber dennoch für ein Paludarium mit vergleichsweise kleinem Wasserteil passend sind Zwerggarnelen, die den Aufwuchs (Biofilm) im Aquarium fressen.

Wasserjagdspinnen (*Ancylometes bogotensis*) sind aufgrund ihrer natürlichen Lebensweise in der Uferregion von Gewässern ebenfalls für ein Paludarium geeignet. Allerdings sind diese Spinnen anspruchsvolle Pfleglinge und gehören nur in die Hände von erfahrenen Haltern. Sie ernähren sich von nahezu allem, was am und im Wasser lebt und bezwungen werden kann, insbesondere Insekten, andere Gliedertiere und Fische.

Wasserjagdspinne (*Ancylometes bogotensis*)

◂ ▴ Rotbraune Mangrovenkrabbe

◂ Auch Zwerggarnelen fühlen sich im Paludarium wohl

Bei Paludarien ist stets auf Ausbruchssicherheit zu achten, wie hier bei der Winkerkrabbe

Fische

In einem Paludarium können je nach Gestaltung des Wasserteils viele Arten von Aquarienfischen erfolgreich gepflegt werden. Da durch den Landteil und die eventuell dort gehaltenen Tiere, aber auch durch Pflegehandgriffe leicht organische Stoffe in das Wasserbecken eingetragen werden können, sollten nur Fischarten gewählt werden, die das auch tolerieren.

Spannend für das Paludarium sind insbesondere solche Arten, die in ihrem natürlichen Habitat die Ufer- und Sumpfregion bevölkern und daran in ihrer Lebensweise angepasst sind. Für die obere Wasserregion bieten sich Beilbauchfische (*Carnegiella*), Halbschnäbler (*Dermogenys*) und Schmetterlingsfische (*Pantodon buchholzi*) an. Sie sind darauf spezialisiert, ihre Nahrung an der

Beilbauchfisch (*Carnegiella strigata*)

Kampffisch (*Betta splendens*)

Mosaikfadenfisch (*Trichopodus leeri*)

Perlfadenfisch (*Trichoptus leerii*)

Halbschnäbler (*Dermogenys pusilla*)

Aphyosimion australe ‚Orange spotless' (Gabun)

Wasseroberfläche zu finden und kommen dabei in einem Paludarium ideal zur Geltung. In der Natur gehören entsprechend ihrer Nische im Ökosystem Anflugnahrung und Insektenlarven zur Hauptnahrung dieser Fische. Im Paludarium fressen sie gerne Fruchtfliegen (*Drosophila*), Schmetterlingsfische nehmen gerne auch Wachsmotten als Anflugnahrung. Bei Beilbauchfischen ist darauf zu achten, dass diese Fische sehr gut springen können (in der Natur wohl bis zu 1,5 m). Ihr Paludarium sollte daher unbedingt komplett geschlossen sein, wobei auf einen möglichst geräumigen Abstand zwischen Wasserniveau und Abdeckung zu achten ist, damit sich die Tiere bei Sprüngen nicht verletzen.

In diesem Zusammenhang denkt man schnell auch an Schützenfische (*Toxotes*), die aber die Herausforderung eines Brackwasser-Paludariums brauchen. Da dieser Fisch darauf spezialisiert ist, Insekten „abzuschießen" und an der Wasseroberfläche zu fressen, sollten auch im Paludarium regelmäßig Insekten gefüttert werden. Auch die amphibisch zwischen Land und Wasser wechselnden Schlammspringer (*Periophthalmus*) benötigen Brackwasser. Will man ihnen ein Gezeitenpaludarium bieten, so stellt dies ein anspruchsvolles, aber lohnendes technisches Unterfangen dar. Auch hier sind Insekten zur Abrundung des Speiseplans (neben Garnelen, Stinten, Muschelfleisch und Trockenfutter) empfehlenswert.

Über mit Wasser gefüllte Pfützen als temporärer Lebensraum wurde schon mehrfach gesprochen. Unter den afrikanischen Killifischen (*Aphyosemion*) finden sich spannende Arten, deren Lebensweise an jahreszeitlich schrumpfende Gewässer angepasst ist. Diese Fische in einem ausreichend großen Biotoppaludarium zu pflegen bietet aufregende Perspektiven. Aber bitte unbedingt, ohne dabei die regelmäßige Austrocknung des Gewässers zu simulieren! Sie schätzen Lebendfutter sehr und sind gute Jäger.

Die Wasserteile von Paludarien fallen im Vergleich zur Gesamtgröße der jeweiligen Becken relativ klein aus. Deshalb sind kleine und kleinste Fischarten, wie sie in der Nano-Aquaristik bekannt und beliebt sind, auch eine gute Option für Paludarien. Allerdings ist hierbei selbstverständlich stets auf die ausreichende Netto-Wassermenge auch für diese kleinen Arten zu achten!

Chinesische Rotbauchunke (*Bombina orientalis*)

Chaco-Pfeiffrosch (*Lepidobatrachus laevis*)

Zwergkrallenfrosch (*Hymenochirus boettgeri*)

Paarung beim Rauhäutigen Gelbbauchmolch (*Taricha granulosa*)

Amphibien

Froschlurche wie Unken (*Bombina*) und Chacofrösche (*Lepidobatrachus*) bevölkern die seichten Wasserregionen und nutzen mehr oder weniger stark einen Landteil bzw. aus dem Wasser herausragende Gegenstände. Zungenlose Frösche wie Wabenkröten (beispielsweise Zwergwabenkröten *Pipa parva* oder Zwergkrallenfösche *Hymenochirus*) leben rein aquatisch und mögen dicht bewachsene Uferbecken.

Zahlreiche Schwanzlurche wie Gelbbauchmolche (*Taricha*) oder Feuerbauchmolche (*Cynops/Hypselotriton*) verbringen zwar viel Zeit im Wasser, nutzen aber zugleich regelmäßig die Möglichkeit des Landgangs, der je nach Individuum auch von längerer Dauer sein kann. Insofern sind solche Arten für Paludarien mit einem gut strukturierten Landteil hervorragend geeignet. Im Wasserteil eines Paludariums können anstelle von Fischen die voll aquatisch lebenden Schwanzlurche, wie beispielsweise Axolotl (*A. mexicanum*) oder Andersons Querzahnmolche (*A. andersoni*), gepflegt werden. Alle Amphibien sind Fleischfresser und bevorzugen Lebend- bzw. Frostfutter, von Wasserflöhen über Mückenlarven bis zu Regenwürmern. Letztere sollte man dem Andersons Querzahnmolch aber erst bei Erreichen der Geschlechtsreife füttern, denn Regenwürmer stehen im Verdacht, Jungtiere dieser Art zur Metamorphose (Umwandlung zum Landsalamander) zu bewegen. Ein Pflegling fürs Paludarium blieben die Tiere dann zwar trotzdem, aber eher auf dem Landteil.

Schwertschwanzmolche (*Cynops ensicauda*) fühlen sich bei Zimmertemperatur wohl.

Verstecke sind wichtig: Kweichow-Feuerbauchmolch (*Hypselotriton cyanurus*)

Der Andersons Querzahnmolch (*Ambystoma andersoni*) verlässt zeitlebens das Wasser nicht

Seltener Gast in Paludarien: der kleinbleibende und wärmeliebende Zwergarmmolch (*Pseudobranchus striatus*)

Reptilien

Bei Reptilien im Paludarium ist grundsätzlich Vorsicht geboten, denn die Ansprüche der meisten Echsen- und Schlangenarten lassen sich im Paludarium nur schwer nachbilden. Insbesondere die Feuchtigkeit stellt sich häufig als Problem dar, weshalb Arten wie die Gebänderte Wassernatter (*Nerodia fasciata*) und Strumpfbandnattern (*Thamnophis sirtalis*) zwar häufig für das Paludarium empfohlen werden, aber besser in einem halbtrockenen Terrarium mit Wasserschale gepflegt werden sollten. Die Gartenboa (*Corallus hortulanus*) hingegen benötigt eine relativ hohe Luftfeuchtigkeit (70-90%) und lässt sich in einem Terrarium mit großer Wasserschüssel, aber ebenso auch in einem entsprechend dimensionierten und artgerecht aufgebauten Paludarium mit vielen Ästen und zusätzlichen Versteckmöglichkeiten auf dem Boden des Landteils pflegen.

Strumpfbandnattern (*Thamnophis sirtalis*) sind für Paludarien weniger geeignet

Für Sumpf- und Wasserschildkröten scheinen Paludarien geradezu ideal zu sein. Denn sie benötigen zumindest zeitweise eine Möglichkeit zum Landgang, sei es für das Sonnenbad oder zur Eiablage. Da für sie zumeist flachere und dafür geräumigere Wasserbecken erforderlich sind, passt auch dies zum Gedanken eines Paludariums. Besonders geeignet und auch gut zu pflegen ist beispielsweise die nordamerikanische Tropfenschildkröte (*Clemmys guttata*), die ihre Zeit je zur Hälfte zwischen Land und Wasser aufteilt. Größere Schildkrötenarten sind allerdings durchaus heikle Gäste für Paludarien. Denn ihr reger Stoffwechsel erfordert ein gutes Management der Wasserqualität, häufige Wasserwechsel eingeschlossen. Dies muss bei der Gestaltung des Beckens eingeplant werden.

Nordamerikanische Tropfenschildkröte (*Clemmy guttata*)

Japanische Sumpfschildkröte (*Mauremys japonica*)

Schritt für Schritt zum ersten Paludarium

- **Wie viel Platz habe ich?**
  > Größe des Beckens
- **Welche Temperaturen habe ich im Jahr minimal / maximal**
  > Klimazone
- **Welches Biotop aus dieser Klimazone möchte ich nachbilden und welchen Ausschnitt kann ich in meiner Beckengröße nachbilden?**
  > Paludariums-Typ
- **Welchen maximalen Wasserstand benötigt mein Paludarium?**
  > Aquarien- oder Terrarienbecken
- **Welche Tierarten aus dieser Klimazone passen zu meinem Biotop und der Beckengröße?**
  > Auswahl Tiere
- **Welche Ansprüche an Klima, Licht, Wasserqualität, Luft und Temperatur haben die Tiere?**
  > Auswahl der Technik
- **Welche Pflanzen harmonieren mit diesem Becken, seinen Klimawerten und den Tieren?**
  > Auswahl der Pflanzen

HOBBY
HOBBY
Hygro
System
Hygro System
Leistungsstark
und zuverlässig!
ideal für alle Terrariengrößen geeignet
digitale Steuerung mit integriertem Timer
einfach zu bedienen und
individuell zu regulieren
großes Wasserreservoir mit 4,0 Liter Inhalt
geräuschlos
for Tropics
Reptiles
Amphibians
Turtles
Care Effect
HOBBY